万水图形图像**金手指**系列

高手点拨

Photoshop CS4

数码照片加工处理

祝 业 编著

走进艺术的殿堂——只差这一步的经典！

掌握数码照片加工处理——玩转Photoshop不是梦想！

中国水利水电出版社
www.waterpub.com.cn

内容提要

本书通过几十个实用而经典的数码照片处理范例，由浅入深、循序渐进地介绍了中文版 Photoshop CS4 在数码照片处理上的强大功能。全书按模块不同分为四个应用部分共 14 章，前 4 章作为基础知识篇，介绍了数码相机设备、数码照片基础知识、数码照片处理软件和照片修饰基础。第 5 章和第 6 章为经典处理应用模块，涉及了人物照片处理、风景照片处理，包括不同类型照片的处理手法和创意手法。第 7 章到第 10 章为照片的合成应用模块，涉及了儿童照片合成、风景照片合成、婚纱照片合成、创意照片合成四个部分，讲解了不同照片合成和应用方式的不同。第 11 章到第 14 章为照片的商业应用模块，涉及商业广告应用、实物商业应用、版式应用和时尚应用四个部分。

本书实例创意新颖，图片精美，全书以操作为主，并配有制作过程图片，使所有操作一目了然。每个实例相对独立，绝大多数实例的最终结果都是一件完整的作品，读者可以选择任意一个实例进行学习。

本书不仅可以为广大 Photoshop 的初、中级读者提供参考和帮助，可以作为具有一定专业水平和各类使用 Photoshop 进行商业设计的专业人员必备的技术手册。本书可以作为培训教材，还可以作为照片处理自学手册。

为了更好地配合本书的学习，本书还附赠了一张 DVD 光盘，包含书中所有范例的源文件、最终效果文件、素材文件、视频讲解，便于读者查阅与学习。

图书在版编目（CIP）数据

Photoshop CS4 数码照片加工处理 / 祝业编著 . —北京：
中国水利水电出版社，2009

（万水图形图像金手指系列 . 高手点拨）

ISBN 978-7-5084-6127-4

Ⅰ . P… Ⅱ . 祝… Ⅲ . 图形软件，Photoshop CS4 Ⅳ .
TP391.41

中国版本图书馆 CIP 数据核字（2008）第 193581 号

书　　名	万水图形图像金手指系列
	高手点拨—— Photoshop CS4 数码照片加工处理
作　　者	祝　业　编著
出版发行	中国水利水电出版社（北京市三里河路 6 号 100044）
	网址：www.waterpub.com.cn
	E-mail: mchannel@263.net（万水）
	sales@waterpub.com.cn
	电话：(010) 63202266（总机）、68367658（营销中心）、82562819（万水）
经　　售	全国各地新华书店和相关出版物销售网点
排　　版	北京万水电子信息有限公司
印　　刷	北京金威达印刷有限公司
规　　格	210mm×285mm　16 开本　19 印张　546 千字
版　　次	2009 年 1 月第 1 版　2009 年 1 月第 1 次印刷
印　　数	0001—4000 册
定　　价	65.00 元（赠 1DVD）

编委会

丛书序

随着商品经济的飞速发展，消费者的消费品位与审美要求也在不断提高，图形图像图书市场也不例外，它对作者的设计功底与软件技术都提出了更高的要求。很多读者朋友在学习中热切希望在成为软件高手的同时能吸收到优秀设计师的设计经验。

览众广告有限公司在以往设计、编著工作经验的基础上，策划并编写了本套《高手点拨》丛书，以飨广大读者，同时也为那些从事图形图像设计工作以及正想进入这个设计领域的读者可以选择到适合自己阅读并能切实提高水平的图书作出一点贡献。

现在图形图像图书市场关于 Photoshop 的图书种类繁多，但是真正能够指导读者有针对性的学习还是略有欠缺的。如何在系统的学习过程中获得高手指点，并在软件应用弱项和创意工作中获得更高层次的提升和强化就是本套丛书的特点。

本套丛书是设计经验与软件技巧连接的纽带，是技术与艺术的结合。它在市场需求调查的基础上，以实际案例为出发点，从创意设计开始分析，再结合各种制作技法及技巧，将其贯穿整个软件的学习过程，使读者朋友真正领略运用软件进行设计的收获与乐趣，让似乎神秘、遥远的设计过程近在眼前，使读者在制作实例的过程中不知不觉地掌握软件的技巧、要点和难点，是一套集实用、实践、功能于一体的设计性丛书。

本套丛书特别强调实用性和技巧性。读者在有选择地学习 Photoshop 不同应用领域的同时，了解并掌握相关的专业理论知识。站在专业设计领域的高度，点拨读者既掌握软件核心知识又提高自身的商业案例设计水平。

本套丛书共 3 本，分别是：

- 高手点拨——Photoshop CS4 四大核心技术
- 高手点拨——Photoshop CS4 合成与特效
- 高手点拨——Photoshop CS4 数码照片加工处理

本套丛书具有以下特点：

◆ **专业性强** 丛书由资深设计师编写，全面、系统、精练地介绍了利用 Photoshop 软件的不同应用模块来进行设计的方法。按照实例中的操作步骤进行操作，就可以轻松地制作出完整的作品。通过实例制作，精通软件的高级应用技巧，激发创作灵感。

◆ **类型丰富** 丛书将所有实例按 Photoshop 知识模块进行分类归档，并且用单独的章节讲解了软件进行设计的方法，符合实际工作需求，便于读者学习提高，拉近了与现实实践的距离，使读者能够更快、更顺利地步入社会。

◆ **关联性强** 整套丛书既有很强的整体关联性，同时又在单本图书中有很强的模块学习效果，读者可以根据自己在软件不同模块应用的弱项上进行强化学习。

◆ **简单易学** 本套丛书内容翔实、结构清晰、语言流畅、实例丰富、过程详细，对软件的各项主要功能和平面设计制作技巧均有细致描述，突出了利用软件进行平面设计的实用性和艺术性。

◆ **资料详尽** 为了便于读者朋友提高，本套丛书附赠光盘提供了书中案例的素材文件、源文件、效果图以及视频讲解，既为读者的学习提供方便，又可作为资料收藏。

在此，我们要衷心地感谢向本套丛书提出改进意见的众多设计师和学员，是他们的认真负责使本套丛书避免了许多错误，且内容更加充实。

另外，还要特别感谢您选择了本套丛书，如果您对本套丛书有什么意见和建议，请直接告诉我们，我们的电子邮箱是 pptushu@163.com。

前 言

现在 Adobe 公司推出了最新的 Photoshop CS4 版本，Photoshop 软件功能强大、操作简捷、实用易学的特点一直在计算机图形图像处理领域中占据着主导地位，互联网的发展使人们对 Photoshop 的需求不断扩大。Photoshop 广泛应用于平面设计、广告设计、数码摄影、出版印刷等诸多领域。在 Photoshop 众多专业的图像编辑功能中，最核心的功能便是选区、图层、蒙版和通道，只有掌握了这几项核心功能，才真正掌握了 Photoshop 图像编辑的真谛。

全书按照 Photoshop CS4 的相关基础知识、熟悉 Photoshop CS4 的工具、Photoshop CS4 的菜单为讲解主线，带领读者进入全新的世界，这种新颖不仅来自于 Photoshop CS4 全新的软件功能，同时也来自于书中新颖的体例结构和讲解方式，使得本书更加适合读者学习和使用。

在本书的编写过程中，我们力求严谨，但由于水平、时间和精力所限，书中不足和疏漏之处在所难免，敬请广大读者批评指正。

关于本书

本书案例创意独特、效果华美，技术含量与艺术水准都达到了颇高的水准。吸收同类图书的长处，避免不足，内容丰富充实，光盘除书中案例素材与原始文件外，还附送了大量设计应用类素材，增加了本书的附加值。作者具有丰富的实践操作经验，所讲案例均配有流程图、知识点及制作过程，讲解详细。附赠光盘中包含本书源文件、最终效果文件、素材文件、视频讲解，便于读者查阅与学习。

适合读者群

本书不仅可以为广大 Photoshop 的初、中级读者提供参考和帮助，可以作为具有一定专业水平和各类使用 Photoshop 进行商业设计的专业人员必备的技术手册。本书可以作为培训教材，还可以作为照片处理自学手册，对于对数码照片处理技术感兴趣的人员具有极高的参考价值。

编 者

2008 年 12 月

目录

第 **1** 章 数码照片设备简介

　　随着科技的进步和时代的发展，数码照片已经不再是时髦的名词，数码相机已经走进千家万户，那究竟什么是数码照片呢？数码照片与传统纸质照片是什么关系？如何获得高质量的数码照片？带着这些疑问我们走进了本书的第1章数码照片设备简介。

1.1　认识数码照片

　　数码照片顾名思义，就是"数码化"了的照片，是指用数码相机、扫描仪（包括照片扫描仪、透视扫描仪两种）等设备获得的，以数字形式存储在软盘、光盘、硬盘等物理存储器里，依赖计算机系统进行阅读、处理的静态图像，具有保存时间长久，便于修改处理等优点。

1.1.1　数码照片与传统照片的关系

　　传统照片主要是通过光线透过底片照射到专用像纸片上，引起像纸上的感光乳剂发生化学变化，产生潜影，再通过化学处理，使潜影转变为可见的图像，从而实现图像的准确再现；所以要对传统照片进行图像处理，必须在暗房中进行，对处理人员的技术要求较高，处理的难度较大，有时还会在图像上留下操作痕迹。数码照片的处理是在计算机上进行的，能进行复杂的特效处理，操作比较简单，处理的效果好，看不出处理痕迹。

　　数码照片是以数字形式存储于光盘、磁盘、U盘等载体的，需要依赖计算机系统进行阅读。当然数码照片也可以通过打印机、数码冲印机等设备，输出为纸质照片，所以数码照片也就相当于传统纸质照片的"底片"，所以有人也称其为数字底片。传统纸质照片可以通过扫描仪、数码相机翻拍等手段转化为数码照片，通过计算机进行阅读、修改和复杂的特效处理。

1.1.2　数码照片的获取

　　数码照片的获取一般情况下有两种途径，一是数码相机拍摄，二是通过扫描仪将传统纸质照片扫描成数码照片。

　　数码相机又称为数字相机，简称DC（Digital Camera）。其实质是一种非胶片相机，它采用CCD（电荷藕合器件）或CMOS（互补金属氧化物半导体）作为光电转换器件，将被摄物体以数字形式记录在存储器中。数码摄影与传统摄影在拍摄技巧和表现手法上并没有什么不同，所不同的只是感光介质和后期处理方法而已。

　　扫描仪是计算机辅助设计（CAD）中最常见的输入设备，它能将文本页面、图纸、美术图画、照相底片等实物影像捕获到计算机中，并以数字形式存储，这样传统照片、其他图片、印刷品等，都可以通过扫描仪的捕获成为数码照片。

1.2 选购适合你的数码相机

目前，数码相机已经走进千家万户，许多读者都想拥有一台数码相机，却苦于不知该如何选择。作为一个技术集成度很高的数码产品，在购买过程中，会存在一个如何选择和怎么选择的问题。现在有读者在购买数码相机时，只注重数码相机的"像素数"，片面追求高像素值。其实数码相机的其他技术指标也很值得关注。那么如何购买一台价格实在、功能实用的数码相机呢？首先让我们了解一下数码相机几个重要的技术指标。

1.2.1 数码相机的技术指标

1. 图像传感器

数码相机的图像传感器一般有两种：CCD和CMOS，它就像传统相机的底片一样，是感应光线的电路装置。可以将它想象成一颗颗微小的感应粒子，铺满在光学镜头后方，当光线与图像从镜头透过、投射到传感器表面时，传感器就会产生电流，将感应到的内容转换成数码资料储存起来。CCD（Charged Coupled Device 电子耦合组件）与CMOS（Complementary Metal Oxicle Semiconductor 互补金属氧化物半导体）虽然一样都是记录光线变化的半导体器件，外观上也几乎无法分辨，但CCD和CMOS的制造技术有很大不同。因此，由于工作原理上的局限，以及构成CMOS的半导体结构在受热时容易产生不该有的杂波电流，所以CMOS感光器件的信噪比一直难以做得很高，因而导致了图像画质很差、层次少并且色彩表现不洁净等问题。因此CMOS器件一般都应用在比较低端、对图像质量要求不高的地方。不过，新一代"FillFactorCMOS"成为解决这个难题的救星。FillFactorCMOS属于此型感测器中最先进的制程技术。最大的差别在于提高FillFactor（单一画素中可吸收光的面积对整个画素的比例），有效做到提升敏感度、放大CMOS面积（全片幅）和降低杂讯的影响。再将FillFactorCMOS与CCD感光器比较发现，CCD受限于良率和结构制程，面积越小，画素越高，相对成本也就越低；FillFactorCMOS刚好相反，由于感光开口加大，可以挑战更高画素，更大面积（全片幅），甚至就产出比例来说，FillFactorCMOS单一晶圆的附加价值更大。所以现在一些高端数码相机也采用了FFCOMS传感器。

2. 感光元件分辨率

我们前面说过，图像传感器是由一颗颗微小的感应粒子组成的，有多少个小微粒，就代表该数码相机有多少像素。数码相机所标称的像素，就是CCD的像素，CCD有多少像素，照出来的照片就有多少像素。

3. CCD尺寸

说到CCD的尺寸，其实是图像传感器的面积大小，这里就包括了CCD和CMOS。感光器件的面积大小，CCD/CMOS面积越大，捕获的光子越多，感光性能越好，信噪比越低。CCD/CMOS是数码相机用来感光成像的部件，相当于光学传统相机中的胶卷。现在市面上的消费级数码相机主要有2/3英寸、1/1.8英寸、1/2.7英寸、1/3.2英寸四种。CCD/CMOS尺寸越大，感光面积越大，成像效果越好。1/1.8英寸的500万像素相机效果通常好于1/2.7英寸的600万像素相机；同样道理，两台800万像素的相机，一台CCD大小是1/1.8英寸的，一台CCD则为1/2.7英寸，1/1.8英寸的要好；同样是两枚同样大小的1/1.8英寸的CCD，一个做成800万像素，一个做成1000万像素，那么一般800万像素的那枚成像好一些。

相同尺寸的CCD/CMOS像素增加固然是件好事，但排列的MOS越多，它们之间的干扰越厉害，这也会导致单个像素的感光面积缩小，有曝光不足的可能，表现在图片上就是画质下降。但如果在增加CCD/CMOS像素的同时想维持现有的图像质量，就必须在至少维持单个像素面积不减小的基础上增大CCD/CMOS的总面积。目前更大尺寸CCD/CMOS加工制造比较困难，成本也非常高。因此，CCD/CMOS尺寸较大的数码相机，价格也较高。感光器件的大小直接影响数码相机的体积和重量。超薄、超轻的数码相机一般CCD/CMOS尺寸也小，而越专业的数码相机，CCD/CMOS尺寸也越大。

4．镜头指标

数码相机镜头质量的好坏直接影响到拍摄效果，镜头指标主要有镜头变焦比、最大光圈、分辨率、微距能力等几项参数。目前大多数产品的变焦比在3倍左右。最大光圈则反映了镜头的通光能力，一般应大于F2.8。除非有特殊用途，选择装备普通技术指标的镜头的产品即可。另外，别被某些厂家夸大的"数码变焦"误导。现在市场上的数码相机都有光学变焦和数码变焦两种功能。焦距反映可拍摄景物的距离远近。数码相机的变焦公式为：变焦＝光学变焦×数码变焦。光学变焦是依靠光学镜头结构来实现变焦，就是通过摄像头的镜片移动来放大与缩小需要拍摄的景物，光学变焦倍数越大，能拍摄的景物就越远（在不损失画质的前提下）。数码变焦的放大方式是把原来CCD感应器上的一部分像素放大到整个画面，所以放大后的效果就不是很"真实"。有的相机标有高倍变焦，购买者还是要弄清它的光学变焦和数码变焦各多少，数码变焦没有实际意义，不必过高要求。

5．ISO感光度

ISO感光度是传统相机底片对光线反应的敏感程度测量值，通常以ISO表示。数码越大表示感光性越强，常用的表示方法有ISO 100 、400 、1000等，一般而言，感光度越高，底片的颗粒越粗，放大后的效果较差，而数码相机也套用此ISO值来标示感光系统所采用的曝光，基准ISO值越高，所需曝光量越高，画面效果越清晰；ISO值越低，所需曝光量越低，画面效果越粗糙，噪点越多。

1.2.2　数码相机选择步骤

1．明确目的和用途

根据自己的爱好和需求选择适合自己的数码相机，是追求体积小巧还是追求功能齐全，是简单生活留影还是专业摄影爱好者，对于不同的需求，可以选择不同的数码相机。

2．制定预算

在决定了购买相机的用途和目的之后，我们就应该依照自己的经济能力决定一个可以承受的心理价位，做好预算。

3．收集资料对比选型

可以在网上查询或向周围朋友咨询，看看什么样的机型更适合你，网络上很多论坛里的评测会对你有很大帮助，当然如果能直接看到拍摄好的原尺寸样片进行对比就更好了。根据多方考察，可以定下大致的机型。

4．购买

购买的时候要仔细挑选，尤其是外观一定要看好，如果外观有问题，离开柜台售后服务一般是不给保修的。接下来要检查的是液晶屏是否有坏点，各部件、按钮是否工作正常，镜头伸缩过程是否有异响，闪光灯是否正常工作，最后按装箱单检查好随机附件是否齐全。

1.3　使用数码相机拍摄照片

使用数码相机拍摄照片在拍摄技法、构图、光线的运用上与传统相机基本相同，但数码相机可以在拍摄完成以后，通过液晶屏幕立即浏览所拍照片，对不满意的照片可以删除重拍，这一点对摄影爱好者尤其是初学者来说是十分方便的。那么如何才能拍好照片呢？我们先要从基础学起。

1.3.1 了解手中的相机

当你拿到一台数码相机的时候，首先要做的就是阅读说明书或技术手册，这样才能了解你手中的武器，并能充分发挥它的性能。因为数码相机技术含量比较高，技术参数设置比较多，只有熟读说明书等技术文档，才能做到在拍摄的时候游刃有余，不至于为了找一个简单参数的设置方法而浪费过多的时间。

一般我们要对数码相机以下几个参数设置或者按钮位置格外牢记：电源开关，快门、变焦、调焦按钮，图片浏览、图片删除按钮，快门模式（单张、连拍、自拍）设置方法ISO、图像尺寸、图像质量设置，快门速度、光圈大小设定方法，白平衡设置方法，闪光灯的使用，以及取景器中各类提示字符的含义。

1.3.2 数码照片的构图

了解了你的相机，下面我们就可以开始拍摄了。构图是拍摄照片最基本的要素之一，构图是否完美决定着照片的好坏。

1．四元素

组成画面的四个主要元素分别是主体、陪体、前景和背景。

主体：所拍画面的主要表现对象，是拍摄者思想的最主要传递中介，主体必须是拍摄者最想展示给观众的内容，通过主体，观众才能比较直观地理解创作者的大意。

陪体：陪同主体一同出现在画面中的形象元素。陪体起到对主体的陪衬作用。它和主体可以构成一定的关系，营造一定的情节或氛围，表现出纯主体无法呈现的内容。

前景：它是靠近镜头最近的景物，是突破影视画面二维空间限制的一个利器，人眼看到的是一个三维的世界，但画面的呈现是二维的，前景往往能提供给观众一个鲜明的空间感。

背景：主体的环境，一般是用来对人物和环境关系进行一种明确交代。对主体的烘托，对气氛的渲染都起者十分重要的作用。

注意：除非有意写意，不然主体是绝对不可缺少的。不是所有的画面都需要四元素齐全，不要刻意地寻找陪体、前景或背景，除非对表现主体深化主题有意义。寻找有代表性的环境背景和陪体。

2．景别

通常景别划分为五种：远景、全景、中景、近景、特写。

"远取其势"表现自然环境概貌，比如战场、空中的伞花等。

"近取其神"主要表现人的神情和物体的细节。

远景：用来表现广阔的空间位置，处理大场面的布局安排。远景一般以自然的气势打动人。

全景：用来显示群体、双体或单体的关系位置，为主体提供完整的形象、完整的动作。

中景：用来表现几个人或一个人大半身的形体、动作，两人以上带有一定空间的对话和动作；对局部空间的展示。

近景：一般用来装备某一局部；表现人胸部以上部分，用来塑造人物的相貌特征和神情，显示面部情绪的变化，一个角色的形象主要通过近景来完成。

特写：用来表现某一细小部分。表现人物则突出刻画人的脸，从情绪的细微变化反映人物的内心世界。特写一般不能多用。

3．拍摄角度

拍摄角度分为水平方向和俯仰。

不同角度拍摄的画面，获得的效果也不同，比如人像有正面、侧面、半侧面、仰面、俯面等，各种拍摄角度给观众的印象是不同的。一般正面像显得庄严，半侧像、侧面像显得活泼，仰拍显得高大，俯拍显得孤独、渺小。

4．构图注意事项

（1）主体安排要防止孤单，没有陪衬。

（2）水平线不宜上下居中。

（3）画面忌横线、竖线。

（4）主体和衬景要防止宾主不分，喧宾夺主。

（5）水平线和景物的垂直线要正，防止歪斜不稳。

（6）画面不要杂乱无章。

1.4　本章小结

　　数码摄影与传统摄影是一致的两条路，并没有真正的互相干预。数码手段的出现无疑是摄影史上的一次革命，因为它带来的不仅仅是一种设备，而是摄影存在的一种方式，是人们的摄影观念。其实，传统与数码并不是矛盾的也不是对立的，它们是同一时代中本质相同的两种摄影形态。而数码摄影的优势就在于它方便、快捷、丰富的后期特效制作，即使你没有专业的暗房，也能制作出绚丽的数码照片。

第 **2** 章 数码照片基础

2.1 数码照片的基本概念

在科技高速发展的今天，传统相机逐渐被数码相机所代替，数码相机带来的是时尚的个性化的拍摄理念，即拍即显的特色使得整个拍摄成为"无风险"化的过程。取而代之的数码照片也越来越倍受青睐。数码相机本身的特点、性能以及它同电脑之间的紧密联系，使得它还拥有一些别具特色的拍摄效果，通过数码相机进行技巧拍摄其乐融融。

数码摄影是充满了创造和灵感的艺术，但是由于数码相机本身的原理和构造的特殊性，拍摄出来的图片通常存在一些不足，比如：画面黯淡、欠缺层次感、照片噪点多、曝光过渡、曝光不足、偏色等。如果运用数码照片的处理软件来处理形形色色的数码照片，达到理想的效果，则是我们最大的乐趣所在。

2.1.1 像素与分辨率

像素

像素是构成位图图像的最小单位，是用来计算数影像的一种单位，每一个像素具有位置和颜色的信息，在位图中每一个小色块就是一个像素。

分辨率

分辨率是单位长度内的点、像素的数量。分辨率的高低直接影响位图图像的效果，太低会导致图像粗糙模糊，在排版打印时图片会变得非常模糊；而使用较高的分辨率则会增加文件的大小，并降低图像的打印速度，所以掌握好像素的大小是非常重要的。在改变位图图像的大小时，图像由大变小其印刷质量不会降低，但图像由小变大其印刷质量将会下降，如图 2-1 至图 2-4 所示。

图 2-1

图 2-2

图 2—3

图 2—4

2.1.2　常用的分辨率

　　分辨率是和图像相关的一个重要概念。在了解分辨率之前我们先要明确一个概念，那就是像素。图像是由一个个小方格所组成的，所包含的小方格越多，那么其所存储的信息也就越多，相应的文件也就越大，图像也就越清晰。

　　分辨率是指图像在一个单位长度内所包含的像素的个数，一般是以每英寸所包含几个像素来计算的。在印刷业中，从图像扫描输入、图像显示、图像处理、加网和输出都与分辨率相关。分辨率的表示方法有很多，其含义也各不相同，因此，正确理解分辨率在各种情况下的具体含义，弄清不同表示方法之间的相互关系是很有必要的。

　　在实际的工作中，出版印刷可以选择分辨率≥300，文件存储为 TIF 格式。一般打印机输出的分辨率≥150，文件存储为 TIF 和 JPEG 格式均可（通常情况下相同分辨率的文件 JPEG 格式的文件存储占有量要远远小于 TIF 格式的）。WEB 分辨率可以≤72，色彩模式 RGB。图 2—5 和图 2—6 所示是两个不同分辨率的数码照片。

图 2—5

图2-6

显示器常用的分辨率可以分几种情况：CRT17寸－1024×768　　LCD17寸－1280×1024

2.1.3　位图和矢量图的区别

1．矢量图

比较适用于编辑边界轮廓清晰、色彩较为单纯的色块或文字，质量要求高的图，如Illustrator、PageMaker、FreeHand、CorelDRAW等绘图软件创建的图形都是矢量图。

（1）矢量图的含义。矢量图又称为向量图形，是由线条和节点组成的图像。无论放大多少倍，图形仍能保持原来的清晰度，无马赛克现象且色彩不失真。

（2）矢量图的性质。矢量图的文件大小与图像大小无关，只与图像的复杂程度有关，因此简单图像所占的存储空间小；矢量图可无损缩放，不会产生锯齿或模糊，如图2-7和图2-8所示。

图2-7

图2-8

2．位图

位图图形细腻、颜色过渡缓和、颜色层次丰富，Photoshop软件生成的图像一般都是位图。

（1）位图的含义及构成。位图也叫点阵图像，是由很多个像素（色块）组成的图像。位图的每个像素点都含有位置和颜色信息。一幅位图图像是由成千上万个像素点组成的。

（2）位图的性质。位图的清晰度与像素点的多少有关，单位面积内像素点数目越多则图像越清晰；对于高分辨率的彩色图像用位图存储所需的储存空间较大；位图放大后会出现马赛克，整个图像会变得模糊，如图 2-9 和图 2-10 所示。

图 2-9

图 2-10

提示：位图与矢量图的区别是位图编辑的图像是像素，而矢量图编辑的图像是记载颜色、形状和位置等属性的物体。

2.2　数码照片的色彩

亮丽鲜艳的色彩带给人的是轻松愉悦的心情。色彩的丰富充分表现了心情的丰富多彩，用数码相机拍摄当前丰富的色彩即得到丰富色彩的数码照片。

所谓的色彩是人对眼睛的视网膜接收到的光作出反应，在大脑中产生的某种感觉。众所周知，在现实生活中，我们所见到的大部分物体是不发光的，如果在黑暗的夜里或者是在没有光照的条件下，这些物体我们都是看不见的，更不可能知道它们各是什么颜色。人们之所以能看见色彩，是因为色彩来自发光光源，如太阳、电灯光、手电筒光、烛光等；或是发光光源的反射光，即发光光源照射在非发光物体上所反射的光，如月亮、建筑墙面、镜子等，再散射到被观察物体上所致，这些颜色都可能因为光源的变化而随之变化。

数码照片的颜色当然也不是一成不变的，它是根据不同的光源照射而形成的。从纯物理学的角度分析，物体本身并没有色彩，但它能通过对不同波长色光的吸收、反射或透射等，显示出光源色中的某一色彩面貌，即物体色。那么不同时间的同一物体在数码相机中的影像也是千变万化的。

2.2.1　色彩模式

色彩模式是指把色彩表示成数据的一种方法。通俗地讲，色彩模式就是把色彩分解成若干部分颜色组件，然后根据不同颜色组成的组件定义出不同的颜色。我们常见的色彩模式有几种：RGB 色彩模式、CMYK 色彩模式、灰阶模式和双色模式等。

RGB 色彩模式

RGB 色彩模式是应用最广泛的一种色彩模式。我们所用的电脑显示器、电视机、手机等屏幕的色彩模式均为 RGB 的色彩模式。RGB 的含义为：R（red）代表红色，G（green）代表绿色，B（blue）代表蓝色，通过这 3 种颜色的混合，从理论上可以形成各种颜色。

显示器使用的就是 RGB 模式，电子枪把红色、绿色、蓝色光照射在显示器屏幕背面，可以在屏幕上混合色彩，变换每种颜色的强度就能生成各种颜色。在 RGB 模式中，三种颜色各具有 256 个亮度级，用 0 — 255 之间的整数值来表示，3 种颜色叠加就能生成 1600 多万种色彩。

单击"颜色"面板的 按钮，在菜单中选择"RGB 滑块"，会看到 RGB 是以亮度级别来选择的，如图 2—11 和图 2—12 所示。

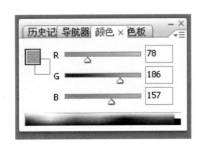

图 2—11 图 2—12

CMYK 色彩模式

CMYK 色彩模式也就是全彩色模式，其含义为：C (cyan) 代表青色，M (magenta) 代表品红，Y (yellow) 代表黄色，K (black) 代表黑色。在其中 CMY 是 3 种印刷油墨名称的首字母，而 K 取的是 black 的最后一个字母，之所以不取用首字母，是为了避免与蓝色 (Blue) 混淆。

单击"颜色"面板的 按钮，在菜单中选择"CMYK 滑块"，我们会看到 CMYK 是以百分比来选择的，相当于油墨的浓度。在显示器上浏览 CMYK 的文件颜色不如 RGB 的鲜艳，如图 2—13 和图 2—14 所示。

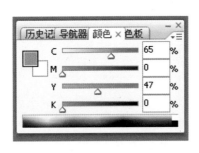

图 2—13 图 2—14

在现实生活当中，我们所观察到的 CMYK 是一种依靠反光的色彩模式，例如我们阅读图书上的内容：是由阳光或灯光等发光体照射到图书上，再反射到我们的眼中，才看到内容。它需要有外界光源，如果你在黑暗无光源的房间内，我们任何人都是无法阅读图书等阅览物的。

CMYK 色彩模式是大多数打印机用作打印文档的一种格式，每种模版对应一种颜色，打印机按比例一层一层地打印全部色彩，最终得到的色彩。该色彩模式也普遍用于胶版印刷。

灰阶模式

灰阶模式最多使用 256 灰色色阶。色阶的影像每个像素所具有的亮度值从 0 到 255 不等；灰阶值可以用黑色油墨的百分比表示。当灰度值为 0 时，生成的颜色为黑色，当灰度值为 255 时，生成的颜色为白色。一幅灰度图像在转变成 CMYK 模式后可以增加色彩，如果将 CMYK 模式的彩色图像转变为灰度模式，则颜色不能恢复。

单击"颜色"面板的■按钮，在菜单中选择"灰度滑块"，我们会看到灰度是以黑色油墨的百分比来选择的，百分比越大浓度越高，如图 2-15 和图 2-16 所示。

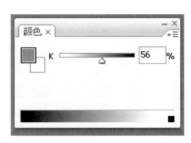

图 2-15

图 2-16

2.2.2　色彩属性

色彩的三属性又叫色彩的三要素，是指任何一种颜色同时含有的 3 种属性，色彩具有色相、亮度（明度）、饱和度（纯度）三种性质。三属性是界定色彩感官识别的基础，灵活地应用三属性变化是色彩设计的基础。除了这些基本的属性，色彩还具有深度、对比度等其他属性。

亮度属性

亮度是指色彩的明亮程度，也叫明度，是色彩三要素之一。在通常情况下，色彩的明度（亮度）越高，色彩则越浓、越亮。色彩的明度（亮度）越低，则色彩越深、越暗。亮度最高的色彩是白色，明度最低的色彩是黑色，均为无彩色。有彩色的亮度，越接近白色者越高，越接近黑色者越低。依亮度高低顺序排列各色相，则为黄、橙、绿、红、蓝、紫。

色相属性

色相是颜色的属性之一，借以用名称来区别红、黄、绿、蓝等各种颜色。任何人一眼就能看出红、绿、黄等颜色，这类颜色的名称通常称为色相。

色相的概念即各类色彩的相貌称谓，如大红、橄榄绿、柠檬黄等。

色相是色彩属性的首要特征，也是区别各种不同色彩的最准确的标准。在现实生活中任何黑白灰以外的颜色都有自己的色相的属性，而色相也就是由原色、间色和复色来构成的。

色相的特征决定于光源的光谱组成以及有色物体表面反射的各波长辐射的比值对人眼所产生的感觉。在测量颜色时，可用色相角 H 及主波长 λd (nm) 表示。从光学意义上讲，色相差别是由光波波长的长短产生的。即便是同一类颜色，也能分为几种色相，如黄颜色可以分为中黄、土黄、柠檬黄等，灰颜色则可以分为红灰、蓝灰、紫灰等。光谱中有红、橙、黄、绿、蓝、紫六种基本色光，我们一般人的眼睛可以分辨出约 180 种不同色相的颜色。

饱和度属性

纯度也称彩度或者饱和度，是指色彩的强弱、鲜浊、饱和程度，又或是指色彩的鲜艳程度，也称色彩的纯度。

饱和度取决于该色中含色成分和消色成分（灰色）的比例。含色成分越大，饱和度也随之越大；消色成分越大，饱和度反而变得越小。

混入无彩色，纯度就会降低，其中：混入白色，明度越高，饱和度越低；混入黑色，明度、饱和度均降低。

对比度属性

色彩的对比顾名思义，是指两个以上的色彩，以空间或时间关系相比较，能比较出明确的差别时，它们的相互关系就称为色彩的对比关系，即色彩的对比。

对比的最大特征就是能够产生比较作用，甚至产生错觉。色彩间差别的大小决定着对比的强弱，差别是对比的关键所在。

色彩对比可分为：以明度差别为主的明度对比，以色相差别为主的色相对比，以纯度差别为主的纯度对比，以冷暖差别为主的冷暖对比等。

色彩深度属性

色彩深度又叫做色彩位数，是指扫描仪对图像进行采样的数据位数，也就是扫描仪所能辨析的色彩范围。目前有 18 位、24 位、30 位、36 位、42 位和 48 位等多种。色彩的位数越高，扫描仪越具有提高扫描效果还原度的潜力。但是色彩位数越高，扫描效果却不一定越好。

首先要考虑色彩位数的来源，对于扫描仪的色彩位数和色彩还原效果取决于如下的几个方面：感光器件的质量、数模转换器的位数、色彩校正技术的优劣、扫描仪的色彩输出位数。

24bits 扫描仪	1677 万种色彩	256 阶灰阶
30bits 扫描仪	10.7 亿种色彩	1024 阶灰阶
36bits 扫描仪	687 亿种色彩	4096 阶灰阶
42bits 扫描仪	4.4 千亿种色彩	16384 阶灰阶
48bits 扫描仪	281 千亿种色彩	65536 阶灰阶

色域属性

色域属性是对一种颜色进行编码的方法，也指一个技术系统能够产生的颜色的总和。在计算机图形图像的处理中，色域是颜色的某个完全的子集（就是将颜色写成显示器和显卡能够识别的程式来描述）。颜色子集最常见的应用是用来精确地代表一种给定的情况。简言之就是一个给定的色彩空间 (RGB/CMYK 等) 的范围。

2.3　数码照片的图像格式

随着数码冲印的广泛应用，受到冲印效果、文件存储量的大小的因素的影响，很多数码用户也越来越关心数码照片的存储格式。一般数码照片有三大格式：RAW、TIFF 和 JPEG。

1. RAW 格式

专业人士喜欢 RAW 格式的照片，因为 RAW 格式是直接读取传感器上的原始记录数据的，这些数据尚未经过曝光补偿、色彩平衡等处理。所以专业人士可以在后期通过专业图像处理的软件来对其进行操作，从而达到更满意的效果。但是 RAW 格式文件导出比较麻烦，不建议业余用户使用。

2. TIFF 格式

TIFF 格式的照片最适合印刷出版。作为一种非破坏性的存储格式，TIFF 格式的文件占用空间较大，一张 TIFF 格式的照片比 JPEG 格式的要大几倍。但是 TIFF 文件也有不少优点，它是一种被图像处理软件普遍支持的格式。

TIFF 格式的照片一般应用于不同的平台以及不同的应用软件上，尤其是作图类软件，在图像打印规格上受到广泛的支持。在存储时它不仅可以选择应用的平台（IBMPC 和 Mac），也可以选择 LZW 的压缩运算方式（在印刷的时候基本不受影响）。

TIFF 格式支持含一个单独 Alpha 通道的 RGB、CMYK 和"灰度"模式等图像，以及不含 Alpha 通道的 Lab 颜色、"灰度"以及"位图"模式等图像。此外，在应用上，TIFF 格式也可以设置为透明背景的效果。

3. JPEG 格式

JPEG 格式是一种压缩效率很高的存储格式，它和 GIF 格式的区别在于 JPEG 格式采用具有破坏性的 JPEG 压缩方式，而且可以处理 RGB 模式下的所有色彩信息。在存储的过程中还可以压缩图像等级，如果选择压缩率高的方式，图像的质量则会降低，相反，图像的质量越来越接近原来的质量。

JPEG 格式的图像支持 RGB、CMYK 以及"灰度"等颜色模式，但不支持 Alpha 通道的图像信息。

2.4　本章小结

经过我们用数码相机拍摄出来的数码照片，操作过程中经常会遇到颜色显示不准的问题，同时我们使用彩色显示器进行各式各样的处理也会遇到形形色色的问题：如果我们仔细观察，同样的一张高质量、颜色准确的照片在 Windows XP 默认的图片传真浏览器中打开，呈现出来的色彩都不尽相同；有的亮、有的暗，或者产生各式各样的色偏。这时，我们就要注重色彩的各项属性来调节到最佳状态了。

第 **3** 章　数码照片处理软件

3.1　Photoshop CS4

Photoshop Creative Suite4（简称 Photoshop CS4）是 Adobe 公司在 Photoshop CS3 的基础上推出的新一代平面设计专业软件。Photoshop CS4 在原来 Photoshop CS3 的基础上，新增加了更多创造性的选择项，提供了全新的操作界面，拥有更多的可提高工作效率的文件处理功能。

3.1.1　Photoshop CS4 简介

工作界面

Photoshop CS4 的工作界面分为菜单栏、工具栏、绘图页面和控制面板，如图 3-1 所示。

图 3-1

工具箱

默认的情况下，工具箱位于操作界面的最左边。Photoshop CS4 中打开时是单列工具栏，可以单击上面区域变成双列工具栏，如图 3-2 和图 3-3 所示。用户也可拖动工具箱，使其浮动在操作界面的其他位置（根据自己的喜好任意拖动位置即可）。在工具箱中放置了经常使用的绘图及编辑工具，并将功能近似的工具以展开的方式归类组合在一起，如果要选择某个工具，用鼠标直接点击，图标显示为反选状态就表示选中了此工具；如果要选择工具组中的工具，那么可以用鼠标点击工具图标右下角的黑色三角，从弹出的工具组中点选某个工具即可。

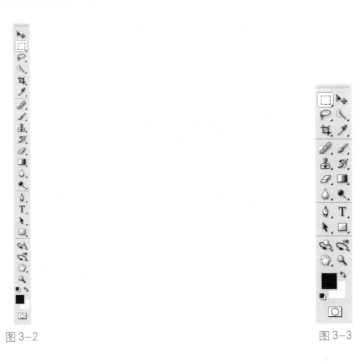

图3-2   图3-3

图像窗口

默认情况下，绘图页面位于操作界面的正中间，是进行绘图操作的主要工作区域，如果要进行打印，只有在绘图页面上的图形才能被打印出来，如图3-4所示。

图3-4

控制调板

默认的情况下，控制调板位于最右边，单击上面的文字可以显示文字对应的窗口，可以通过单击 ◀◀
进行扩展停放，如图 3-5 所示。

图 3-5

3.1.2　Photoshop CS4 应对数码照片的实用功能

图层概要

图层是许多图像创建工作流程的构建块。若只是对图像做一些简单的调整，用户不一定要使用图层，
但是图层能够帮助用户提高工作效率，而且对于大多数非破坏性图像编辑是必需的。

Photoshop 的图层就如同堆叠在一起的透明纸。可以通过图层的透明区域看到下面的图层。可以移
动图层来定位图层上的内容，就像在堆栈中滑动透明纸一样。也可以通过更改图层的不透明度来更改部
分图层的透明程度，如图 3-6 至图 3-8 所示。

图 3-6　　　　　　　　　　图 3-7　　　　　　　　　　图 3-8

图层样式

图层样式是应用于一个图层或图层组的一种或多种效果。可以应用 Photoshop 附带提供的某一种预设样式，或者使用"图层样式"对话框来创建自定样式。图层效果图标将出现在"图层"调板中的图层名称的右侧。可以在"图层"调板中展开样式，以便查看或编辑合成样式的效果，如图3-9所示。

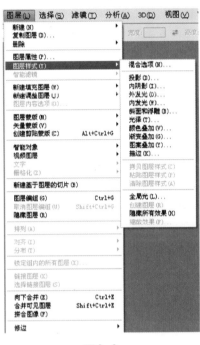

图3-9

高度

对于斜面和浮雕效果，设置光源的高度。值为0表示底边，值为90表示图层的正上方。

角度

确定效果应用于图层时所采用的光照角度。可以在文档窗口中拖动以调整"投影"、"内阴影"或"光泽"效果的角度。

消除锯齿

混合等高线或光泽等高线的边缘像素。此选项对尺寸小且具有复杂等高线的阴影最有用。

混合模式

确定图层样式与下层图层（可以包括也可以不包括现用图层）的混合方式。例如，内阴影与现用图层混合，因为此效果绘制在该图层的上部，而投影只与现用图层下的图层混合。在大多数情况下，每种效果的默认模式都会产生最佳效果。

阻塞

模糊之前收缩"内阴影"或"内发光"效果杂边的边界。

颜色

指定阴影、发光或高光。可以单击颜色框并选取所要的颜色。

等高线

使用纯色发光效果时，等高线允许创建透明的光环。使用渐变填充发光时，等高线允许创建渐变颜色和不透明度的重复变化。在斜面和浮雕中，可以使用"等高线"勾画在浮雕处理中被遮住的起伏、凹陷和凸起。使用阴影效果时，可以使用"等高线"指定渐隐。

距离

指定阴影或光泽效果的偏移距离。可以在文档窗口中拖动以调整偏移的距离。

深度

指定斜面深度。它还指定图案的深度。

使用全局光

可以使用全局光设置来设置一个"主"光照角度，此角度可用于使用阴影的所有图层效果："投影"、"内阴影"以及"斜面和浮雕"效果。在这些效果中，如果选中"使用全局光"并设置一个光照角度，那么该角度将成为全局光源角度。选定了"使用全局光"的任何其他效果将自动继承相同的角度设置。如果取消选择"使用全局光"，那么设置的光照角度将成为"局部的"并且仅应用于该效果。也可以通过选取"图层样式"→"全局光"菜单命令来设置全局光源角度。

光泽等高线

创建有光泽的金属外观。"光泽等高线"是在为斜面或浮雕加上阴影效果后应用的。

渐变

指定图层效果的渐变。单击渐变以显示渐变编辑器。可以使用渐变编辑器编辑渐变或创建新的渐变。在"渐变叠加"调板中，可以像在渐变编辑器中那样编辑颜色或不透明度。对于某些效果，可以指定附加的渐变选项。"反向"翻转渐变方向，"与图层对齐"使用图层的外框来计算渐变填充，而"缩放"则缩放渐变的应用。还可以通过在图像窗口中单击和拖动来移动渐变中心。"样式"指定渐变的形状。

高光或阴影模式

指定斜面或浮雕高光或阴影的混合模式。

抖动

改变渐变的颜色和不透明度的应用。

图层挖空投影

控制半透明图层中投影的可见性。

杂色

指定发光或阴影的不透明度中随机元素的数量。输入值或拖动滑块。

不透明度

设置图层效果的不透明度。操作的时候可以输入数值，也可以拖动下方的滑块。

图案

指定图层效果的图案。单击弹出式调板并选取一种图案。单击"新建预设"按钮，根据当前设置创建新的预设图案。单击"贴紧原点"，使图案的原点与文档的原点相同（在"与图层链接"处于选定状态时），或将原点放在图层的左上角（如果取消选择了"与图层链接"）。如果希望图案在图层移动时随图层一起移动，请选择"与图层链接"。拖动"缩放"滑块或输入一个值以指定图案的大小。拖动图案可在图层中定位图案，通过使用"贴紧原点"按钮来重设位置。如果未载入任何图案，那么"图案"选项不能用。

位置

指定描边效果的位置是"外部"、"内部"、"居中"三种位置。

范围

控制发光中作为等高线目标的部分或范围。

大小

指定模糊的数量或阴影大小。

软化

模糊阴影效果可减少多余的人工痕迹。

源

指定内发光的光源。选取"居中"以应用从图层内容的中心发出的发光，或选取"边缘"以应用从图层内容的内部边缘发出的发光。

扩展

模糊之前扩大杂边的边界。

样式

指定斜面样式："内斜面"在图层的内边缘上创建斜面；"外斜面"则是在图层图像的外边缘上创建斜面；"浮雕效果"模拟使图层内容相对于下层图层呈浮雕状的效果；"枕状浮雕"模拟将图层内容的边缘压入下层图层中的效果；"描边浮雕"将浮雕限于应用于图层的描边效果的边界。

方法

"平滑"、"雕刻清晰"和"雕刻柔和"可用于"斜面和浮雕"效果；"柔和"与"精确"则应用于"内发光"和"外发光"效果。

- 平滑：稍微模糊杂边的边缘，可用于所有类型的杂边，不论其边缘是柔和的还是清晰的。
- 雕刻清晰：使用距离测量技术，主要用于消除锯齿形状（如文字）的硬边杂边。它保留细节特征的能力优于"平滑"技术。
- 雕刻柔和：使用经过修改的距离测量技术，虽然不如"雕刻清晰"精确，但对较大范围的杂边更有用。
- 柔和：应用模糊，可用于所有类型的杂边，不论其边缘是柔和的还是清晰的。"柔和"不保留大尺寸的细节特征。
- 精确：使用距离测量技术创造发光效果，主要用于消除锯齿形状（如文字）的硬边杂边。它保留特写的能力优于"柔和"技术。

纹理

应用一种纹理。使用"缩放"来缩放纹理的大小。如果要使纹理在图层移动时随图层一起移动，请选择"与图层链接"。"反相"使纹理反相。"深度"改变纹理应用的程度和上下方向。"贴紧原点"使图案的原点与文档的原点相同，或将原点放在图层的左上角。拖动纹理可在图层中定位纹理。

通道概要

通常情况下，图层、通道、路径调板在一个调板中，这样更便于用户使用，但也可以根据自己的习惯进行设置，如图 3-10 所示。

图 3-10

在通道中，记录了图像的大部分信息，这些信息从始至终与操作密切相关。具体看起来，通道的作用主要有：

- 表示选择区域，也就是白色代表的部分。利用通道，不但可以创建一般精度的选区，还可以建立头发丝这样的精确选区。

- 表示墨水强度。利用 Info 面板可以体会到这一点，不同的通道都可以用 256 级灰度来表示不同的亮度。在 Red 通道里的一个纯红色的点，在黑色的通道上显示就是纯黑色，即亮度为 0。

- 表示不透明度。其实这是我们平时较长使用的一个功能。平时我们所看到的一座高山渐隐融入到蓝天白云之中的图片通常情况下就是用通道来完成的。

- 表示颜色信息。不妨试验一下，预览 Red 通道，无论鼠标怎样移动，Info 面板上都仅有 R 值，其余的都为 0。

通道的分类

通道作为图像的组成部分，是与图像的格式密不可分的，图像颜色、格式的不同决定了通道的数量和模式，在通道面板中可以直观地看到。

在 Photoshop 中涉及的通道主要有：

(1) 复合通道。复合通道不包含任何信息，实际上它只是同时预览并编辑所有颜色通道的一个快捷方式。它通常被用来在单独编辑完一个或多个颜色通道后使通道面板返回到它的默认状态。对于不同模式的图像，其通道的数量是不一样的。在 Photoshop 之中，通道涉及 3 个模式。对于一个 RGB 图像，有RGB、R、G、B 四个通道；对于一个 CMYK 图像，有 CMYK、C、M、Y、K 五个通道；对于一个 Lab 模式的图像，有 Lab、L、a、b 四个通道。

(2) 颜色通道。在用 Photoshop 编辑图像时，实际上就是在编辑颜色通道。这些通道把图像分解成一个或多个色彩成分，图像的模式决定了颜色通道的数量，RGB 模式有 3 个颜色通道，CMYK 图像有 4 个颜色通道，灰度图只有一个颜色通道，它们包含了所有将被打印或显示的颜色。

(3) 专色通道。专色通道是一种特殊的颜色通道，它可以使用除了青色、洋红、黄色、黑色以外的颜色来绘制图像。因为专色通道一般人用得较少且多与打印相关，所以本书把它放在后面的内容中讲述。

(4) Alpha 通道 (Alpha Channel)。Alpha 通道是计算机图形学中的术语，指的是特别的通道。有时，它特指透明信息，但通常的意思是"非彩色"通道。这是我们真正需要了解的通道，可以说我们在 Photoshop 中制作出的各种特殊效果都离不开 Alpha 通道，它最基本的用处在于保存选区范围，并不会影响图像的显示和印刷效果。当图像输出到视频时，Alpha 通道也可以用来决定显示区域。如果你曾经稍微深入到After Effects 这类非线性编辑软件中，就会更加清楚。

(5) 单色通道。这种通道的产生比较特别，也可以说是非正常的。试一下，如果你在通道面板中随便删除其中一个通道，就会发现所有的通道都变成"黑白"的，原有的彩色通道即使不删除也变成灰度的了。

通道的编辑（大部分情况下特指 Alpha 通道）

对图像的编辑实质上不过是对通道的编辑。因为通道是真正记录图像信息的地方，无论是色彩的改变、选区的增减、渐变的产生，都可以追溯到通道中去。

首先要说明的是，鉴于通道的特殊性，它与其他很多工具有着千丝万缕的联系，比如蒙板。

(1) 利用选择工具。Photoshop 中的选择工具包括遮罩工具、套索工具、魔棒工具、字体遮罩以及由路径转换来的选区等，其中包括不同羽化值的设置。使用选择工具可以完成一些最基本的操作。

(2) 利用绘图工具。绘图工具包括喷枪、画笔、铅笔、图章、橡皮擦、渐变、油漆桶、模糊锐化和涂抹、加深减淡和海绵等工具。

利用绘图工具编辑通道的一个优势就是可以精确地控制笔触，从而可以得到更为柔和的、足够复杂的边缘。

这里要强调一下渐变工具。因为此工具特别容易被人忽视，但它相对于通道又是特别有用的。它是一次可以涂画多种颜色而且包含平滑过度的绘画工具，对于通道而言，也就是带来了平滑细腻的渐变，所以使用渐变工具在通道中不可忽视。

（3）利用滤镜。在通道中进行滤镜操作，通常是在有不同灰度的情况下，而运用滤镜的原因，通常是因为我们刻意追求一种出乎意料的效果或者只是为了控制边缘。原则上讲，可以在通道中运用任何一个滤镜去试验，当然这只是在用户没有任何目的的时候，实际上大部分人在运用滤镜操作通道时通常有着较为明确的目的，比如锐化或者虚化边缘，从而建立更适合的选区。

（4）利用调节工具。特别是有用的调节工具包括色阶和曲线命令。

在利用这些工具调节图像时，在弹出的对话框中有一个channel选单，在这里可以所要编辑的颜色通道。选中希望调整的通道时，按住Shift键，再单击另一个通道，最后打开图像中的复合通道。这样就可以强制这些工具同时作用于一个通道。

在应用调节工具的时候有一点值得注意，单纯的通道操作是不可能对图像本身产生任何效果的，必须同其他工具结合，如选区和蒙板，所以在理解通道时最好与这些工具联系起来，才知道通道可以在图像中起到什么样的作用。

小结

（1）颜色通道中所记录的信息，从严格意义上说不是整个文件的，而是来自于我们当前所编辑的图层。预视一层的时候，颜色通道中只有这一层的内容，但如果同时预视多个层，则颜色通道中显示的是层混合后的效果。

（2）当我们在通道面板上单击一个通道，对它进行预览的时候，将显示一幅灰度图像，这时，可以清楚地看到通道中的各种信息，但如果同时打开多个通道，那么通道将以彩色显示。

（3）如要想创建一个只有一边有羽化值的选区，那么请建立一个选区（用矩形遮罩好理解一些），用渐变工具填充，然后载入该通道。命名之后就可以回到通道中重新编辑那个选区。

路径概要

"路径"是Photoshop软件中的重要工具之一，如图3-11所示。其主要用于进行光滑图像选择区域及辅助抠图，绘制光滑线条，定义画笔等工具的绘制轨迹，输出输入路径及和选择区域之间转换。在辅助抠图上它突出显示了强大的可编辑性，具有特有的光滑曲率属性，与通道相比，有着更精确、更光滑的特点。

图3-11

滤镜特效

通过使用滤镜，可以清除和修饰照片，能够为图像提供素描或印象派绘画外观的特殊艺术效果，还可以使用扭曲和光照效果创建独特的变换。Adobe 提供的滤镜显示在＂滤镜＂菜单中，如图 3-12 所示。

图 3-12

通过应用于智能对象的智能滤镜，可以在使用滤镜时不会造成破坏。智能滤镜作为图层效果存储在＂图层＂调板中，并且可以利用智能对象中包含的原始图像数据随时重新调整这些滤镜。

彩色铅笔

使用彩色铅笔在纯色背景上绘制图像。保留重要边缘，外观呈粗糙阴影线；纯色背景色透过比较平滑的区域显示出来。

木刻

使图像看上去好像是由从彩纸上剪下的边缘粗糙的剪纸片组成的。高对比度的图像看起来呈剪影状，而彩色图像看上去是由几层彩纸组成的。

干画笔

使用干画笔技术（介于油彩和水彩之间）绘制图像边缘。此滤镜通过将图像的颜色范围降到普通颜色范围来简化图像。

胶片颗粒

将平滑图案应用于阴影和中间色调。将一种更平滑、饱合度更高的图案添加到亮区。在消除混合的条纹和将各种来源的图像在视觉上进行统一时，此滤镜均可达到想要的效果。

壁画

使用短而圆的、粗略涂抹的小块颜料，以一种粗糙的风格绘制图像。

霓虹灯光

将各种类型的灯光添加到图像中的对象上。此滤镜用于在柔化图像外观时给图像着色。要选择一种发光颜色，请单击发光框，并从拾色器中选择一种颜色。

绘画涂抹

用户可以选取各种大小（从 1 到 50）和类型的画笔来创建绘画效果。画笔类型包括简单、未处理光照、暗光、宽锐化、宽模糊和火花。

调色刀

减少图像中的细节以生成描绘得很淡的画布效果，可以显示出下面的纹理。

塑料包装

给图像涂上一层光亮的塑料，以强调表面细节。

海报边缘

根据设置的海报化选项减少图像中的颜色数量（对其进行色调分离），并查找图像的边缘，在边缘上绘制黑色线条。大而宽的区域有简单的阴影，而细小的深色细节遍布图像。

粗糙蜡笔

在带纹理的背景上应用粉笔描边。在亮色区域，粉笔看上去很厚，几乎看不见纹理；在深色区域，粉笔似乎被擦去了，使纹理显露出来。

涂抹棒

使用短的对角描边涂抹暗区以柔化图像。亮区变得更亮，以致失去细节。

海绵

使用颜色对比强烈、纹理较重的区域创建图像，以模拟海绵绘画的效果。

底纹效果

在带纹理的背景上绘制图像，然后将最终图像绘制在该图像上。

水彩

以水彩的风格绘制图像，使用中号画笔绘制可以简化细节。当边缘有显著的色调变化时，"水彩"滤镜会使颜色显得更加饱满。

动作概要

"动作"是 Photoshop 中非常重要的一个功能，它可以详细记录处理图像的全过程，并且可以在其他的图像中使用，这对于需要进行相同处理的图像是非常方便、快速的。

一个"动作"面板，在 Photoshop 中默认安装的是 Default Action 这个动作序列，里面有很多动作，点击每个动作前的三角形就可以看见有很多命令，也就是这个动作需要这么些命令才能完成；最下面的黑色框是动作的编辑控制栏，这里我们能对动作进行播放、录制、停止、新建、删除等操作，如图 3-13 所示。

当点击动作命令前的三角形时，就会弹出这个命令的所有参数，这样就可以详细地了解这个动作，如图 3-14 所示。

图 3-13

图 3-14

3.2　其他软件

数码照片可以直接在电脑上进行后期处理。常见的数码照片处理软件除了 Photoshop，还有 Fireworks、PhotoImpact、Pain shop Pro、光影魔术手等。

3.2.1　其他数码照片处理软件

Adobe Fireworks

Adobe Fireworks 软件可以加速 Web 的设计和开发，是一款创建与优化 Web 图像、快速构建网站与 Web 界面原型的理想工具。Fireworks CS4 不仅具备编辑矢量图形与位图图像的灵活性，还提供了一个预先构建资源的公用库，并可与 Adobe Photoshop CS4、Adobe Illustrator CS4、Adobe Dreamweaver CS4 和 Adobe Flash CS4 软件省时集成。在 Fireworks 中将设计迅速转变为模型，或利用来自 Illustrator、Photoshop 和 Flash 的其他资源，然后直接置入 Dreamweaver CS4 中轻松地进行开发与部署。

PhotoImpact

Ulead PhotoImpact 目前可以说是 Web 使用者必不可少的图像编辑工具之一了。PhotoImpact 6 带有创新的便于用户理解和使用的工具组合，可用于网页设计和图像处理。它为用户在网页设计和图像编辑上的需要提供了更加完善的方案。专业人员和初学者都可以使用 PhotoImpact 6 提供的工具创建最佳的网页以及图像文件等。

PhotoImpact 6 是一个功能完整的网页设计、网页图形和图像编辑的解决方案。它带有大量简单易用的工具，可以让用户随意创建精美漂亮的网页及其他项目。下面介绍 PhotoImpact 6 的一些独特和创新的功能。

1．强大的网页创作功能

PhotoImpact 6 提供了一个集成的程序，用户可以创建完整的网页，包括图像、文字内容和其他相关部件，并且不需要复杂的编码。同时，因为网页以基于对象的 UFO 文件格式保存，因此用户可以随时更新和编辑网页的内容，无论是文字内容还是图形、图像。

网页输出能力：用户可以生成 HTML 代码并立刻附加相关的图像。

部件设计器和背景设计器：帮助用户生成独具创新的网页元素，如按钮、网页背景、旗标、滑块等，并且操作几步就可以完成。

HTML 文本支持：用户可以添加嵌入在网页中的文本内容，并在以后的更新过程中可以轻松编辑。

优化功能：附带的"图像优化器"可以让所有的图像和部件的文件尺寸降至最低，所占存储量降到最小，从而使整个网页可以更加快速地下载。

2．便捷的图形图像编辑工具

PhotoImpact 6 可以便捷地工作，使用户的创造力成为网页和图像设计项目的中心。

增强的矢量图形功能：让用户使用"路径工具"快速地创建和编辑眩目的二维和三维图形和图像。新增的选项使用户可以获得期望的精确形状、外观和质感等特效。

灵活的文字创作工具：该工具允许用户轻松地创建用于图形的文字，并提供了用于微调文字间距、行距等设置的选项。同时还可以用任何 Window 2000 支持的语言输入文字。另外，独特的字型效果为用户提供了扭曲和弯曲文字、使文字向某个方向倾斜、创建特殊的三维和动画文字等特效的功能。这样用户在编辑的时候，文字内容无论是动画 GIF，还是静态图像都可以变得更具视觉冲击力。

特效和动画：可以方便地应用。用户可以从中选取大量的选项，包括颗粒和图案效果，以及静态和动态的效果。

动画工作室功能：使所编辑的照片或三维对象创建美观、逼真、生动的效果，进而让您的网页更加精美、富有感染力。

3．增强的创作效果

PhotoImpact 6 可以让用户既快速又简单地处理大量的图像文件。

百宝箱：内置了大量易于使用的预设值，在使用该软件处理图像时，可以通过简单的拖放，将它们快速应用到图像上，还可以创建并保存用户自己的预设值，包括动画效果。

宏的录制和回放：允许通过"快速命令面板"来简化和归类重复性的任务或步骤，大幅提升效率。

集成的屏幕捕获：可以捕获工作区中的任何部分内容，然后可以将所捕获的图像直接在 PhotoImpact 6 中打开或是将它保存到文件或剪贴板中。

指导式工作流程：通过"后处理向导"命令将完整的图像编辑过程变得无比简单。

推模式感知功能：通过简化额外的步骤，例如，设置后处理向导和图像目的地选项，使扫描仪和数码相机生成的图像变得更流畅。

Painter Essentials 彩绘大师

自然彩绘、手绘涂鸦有趣的软件，具备以下几个特点：

- 76 组笔刷搭配色彩变化，任意涂鸦在数码相片或画布上，方便快捷修改照片。
- 自动绘制可弹性运用笔刷效果，轻松完成独一无二的艺术照片。
- 梦幻云彩笔——运用这些画笔能够在普通的数码照片上画出自然的云彩或加上有趣的特效。
- 创意相片滤镜——利用材质和光线特效，能够给数码照片添上更另类有趣的造型，创造出不同风格的数码形象。

光影魔术手

光影魔术手（nEO iMAGING）是一个对数码照片画质进行改善及效果处理的软件，简单、易用，不需要任何专业的图像技术，就可以制作出专业胶片摄影的色彩效果，是摄影作品后期处理、图片快速美容、数码照片冲印整理时必备的图像处理软件。

光影魔术手是国内最受欢迎的图像处理软件。因为其操作相对于 Photoshop 比较简单，所以应用比较广泛。该软件被《电脑报》、天极、PCHOME 等多家权威媒体及网站评为 2007 年最佳图像处理软件。

光影魔术手拥有一个很酷的名字。正如它在处理数码图像及照片时的表现一样——高速度、实用、易于上手，适合没有 Photoshop 电脑基础知识的人群使用（如果精通 Photoshop，那么光影魔术手则是一个比较不错的附加图像处理软件）。

光影魔术手能够满足绝大部分照片后期处理的需要，批量处理功能非常强大。它无须改写注册表，而且可以在网上有很多免费资源供用户下载，例如边框、滤镜等，如果用户对它不满意，可以随时恢复用户以往的使用习惯。

Corel Paint Shop Pro

Corel Paint Shop Pro 是一款功能完善、使用简便、可与 Photoshop 相提并论的专业级数码图像编辑软件。Corel Paint Shop Pro X 所提供的工具用户可以轻松地捕捉、创建、增强并最优化图形文件，除了支持超过三十多种文件格式外，还提供了图层（Layer）功能，让用户编辑多个 Layer 后再结合为一，并且可以让每个 Layer 都拥有不同的特殊效果，使用户在编辑上方便许多的同时，修改时也可以仅针对某个 Layer 进行修改而不必全图重新制作。另外，内建的画面截取功能让用户可以截取任何屏幕画面进行编辑，再利用其多种特殊效果及制作网页用按钮等功能制作出专业级的图案。

Turbo Photo

Turbo Photo 是一款以数码影像为背景，面向数码相机普通用户和准专业用户而设计的一款图像处理软件。Turbo Photo 的所有功能均围绕如何让您的照片更出色这样一个主题而设计。每个功能都针对了数码相机本身的特点和最常见的问题。通过 Turbo Photo，用户能很轻易地掌握和控制组成优秀摄影作品的多个元素：曝光、色彩、构图、锐度、反差等。一目了然的操作界面，使得每一个没有任何图像处理基础的用户都能够在最短的时间内体会到数码影像处理的乐趣。同时，Turbo Photo 还为进阶用户提供了较专业的调整处理手段，为作品的细微控制、调整提供了可能。

MiYa 数码照片边框伴侣

MiYa 数码照片边框伴侣是一款免费的为照片加边框的新型软件，它充分地利用了网上现成的边框资源，共提供了 200 余种免费的边框效果，并提供给用户更方便的操作环境，用户可以将自己喜欢的多个边框效果设置为"我的最爱"，并可以随意地将各边框效果修改为自己的名称等。该程序包里已包含很多边框效果。

3.2.2　数码照片管理软件

ACDSee

ACDSee 可以说是目前最流行的数字图像处理管理的软件之一了，它能广泛地应用于图片的获取、管理、浏览、优化甚至与其他人共同分享等。使用 ACDSee，用户可以从数码相机和扫描仪迅速、高效地获取图片，并进行便捷的查找、组织和预览。作为重量级看图软件之一，它能迅速、高质量地显示图片，再配以内置的音频播放器，我们就可以用它来播放精彩的幻灯片了。ACDSee 还能处理如 Mpeg 之类常用的视频文件。此外 ACDSee 是用户最得心应手的图片编辑工具，可以轻松处理数码影像，它拥有的功能包括去除红眼、剪切图像、锐化、曝光调整、浮雕特效、旋转、镜像等，并且还能进行批量处理，操作非常便捷。

Picasa

Picasa 是一款可帮助用户在计算机上立即找到、修改和共享所有图片的软件。每次打开 Picasa 时，它都会自动查找所有图片，并将它们按日期顺序放在可见的相册中，同时以易于用户识别的名称命名文件夹。用户可以通过拖放操作来排列相册，还可以添加标签来创建新组。Picasa 能够保证所操作的文件夹井井有条。

Picasa 浏览图片文件的速度比 ACDSee 要快很多，而且被 Google 收归旗下后不仅更名为 Google Picasa，还更改为免费软件。

Corel MediaOne Plus

缩图分类、浏览管理图片的好软件。

全方位多媒体管理软件，能依照日期、资料夹名称以缩图显示迅速管理电脑中所有的相片，一个按钮还可套用边框轻松分享。

3.3　本章小结

摄影爱好者大概没有不知道Photoshop这个强大的图像处理软件的，要想得到好的照片后期处理，使用Photoshop是必不可少的。但是Photoshop也不是万能的，它的资源占用也非常大，所以其余的图像处理软件和图像管理软件也应运而生，结合Photoshop的强大功能，处理所有照片都能得心应手。

第 **4** 章　照片修饰基础

4.1　照片的裁剪处理

　　裁剪的基本操作就是利用裁切工具对图片进行剪裁的过程，我们将配合Photoshop CS4裁切工具的使用，讲述一些裁切图片效果的实例。

4.1.1　基本裁切

　　利用Photoshop的裁切工具对照片进行基本的裁切，可以让画面更加丰富、美观，并且在适当时候可以去除瑕疵。

主要制作流程：

◎　制作时间：3分钟

◎　知识重点：裁切工具

◎　学习难度：★

操作步骤

1．选择"文件"→"打开"菜单命令（快捷键Ctrl＋O），打开"光盘／素材文件／ch04／4-1.jpg"文件。选择工具栏中的裁剪工具（快捷键C），在照片上单击鼠标左键并拖动鼠标形成选框，框选需要保留下来的区域，如图4-1所示。

图4-1

使用技巧：

框选时如果没有达到满意的效果，可以通过选框四边上的编辑点进行调整。
拖动鼠标的同时按住Shift键可同比例缩放。

2．将鼠标放在编辑点的位置，微调裁切选框，细微的调整可以使用键盘的方向键，如图4-2所示。

图4-2

3．调整好裁剪区域后，双击鼠标左键或者按下Enter键完成图像的裁切，如图4-3所示。

图4-3

案例小结

利用裁切工具可以快速地修剪图像，并可通过调整框选的范围进行裁剪。

4.1.2 定制裁切

在得知所要裁成图像大小的时候，可以选择裁剪工具中的定制裁切选项，轻松快捷地完成所要裁剪的对象。

主要制作流程：

◎ 制作时间：3分钟

◎ 知识重点：裁切工具

◎ 学习难度：★

操作步骤

1. 选择"文件"→"打开"菜单命令（快捷键 Ctrl＋O），打开"光盘／素材文件/ch04/4-1.jpg"文件，选择"视图"→"标尺"菜单命令（快捷键 Ctrl＋R），如图4-4所示。打开标尺工具后，我们很容易看出该图像的长为20cm，宽为15cm，如图4-5所示。

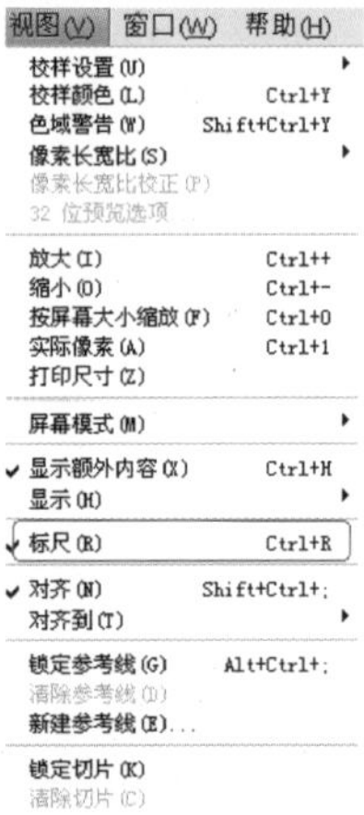

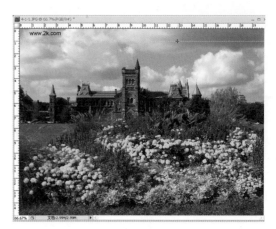

图4-6

图4-4

3. 选择工具栏中的裁切工具（快捷键C），设置裁切属性"宽度"为20厘米，"高度"为14厘米，"分辨率"为150像素／英寸，如图4-7和图4-8所示。

图4-7

图4-5

图4-8

知识点链接：

如果不知道图像大小，用户可以通过"图像"→"图像大小"菜单命令查看图像大小的参数。可以通过按**Ctrl+R**组合键显示或隐藏标尺。

4. 在照片上双击鼠标左键或者按下Enter键完成图像的裁切，如图4-9所示。

2. 选择工具栏中的移动工具，在标尺的位置拖动鼠标左键拉出一条辅助线，如图4-6所示。

图4-9

形成的剪裁选框就是之前在属性栏中定制好的大小，我们无法利用鼠标拖动选框的大小，如果想改变大小，只能从属性栏中改数值。

5. 双击鼠标左键或者按下 Enter 键完成图像的裁切，如图 4-10 所示。

图 4-10

案例小结

利用裁切工具的定制裁切，可以快速地修剪图像，不必调整框选的范围，以便得到精确的数值。

4.1.3　透视裁切

在拍摄照片的过程中，远景照片的成像会因为透视的原因产生少许的变形，尤其对于建筑物，更加明显，为了使照片效果看起来更加完美，本案例介绍了建筑物在拍摄过程中产生透视变形后的简单的修复方法。

主要制作流程：

◎　制作时间：5 分钟

◎　知识重点：裁切工具
　　　　　　　透视选项

◎　学习难度：★☆

操作步骤

1. 选择"文件" → "打开"菜单命令（快捷键 Ctrl + O），打开"光盘／素材文件 /ch04/4-1-3.jpg"文件，如图 4-11 和图 4-12 所示。

2. 选择工具栏中的裁切工具 ，选择属性栏中的"透视"选项，如图 4-13 所示。

3. 将光标移动到裁切线的一角，直到黑色箭头变成灰色箭头，点击鼠标左键，慢慢移动，直到裁切线和应该垂直的基准线平行，松开鼠标，如图 4-14 所示。

图 4-11

图4-12

☑屏蔽 颜色：■ 不透明度：75% ▶ ☑透视

图4-13

图4-14

4．按Enter键或者双击鼠标左键确认裁切，得到的效果如图4-15所示。

图4-15

案例小结

透视裁切工具对在拍摄过程中由于种种原因造成的透视变形的建筑物尤为实用。

4.1.4 照片翻转

利用Photoshop的翻转功能，可以轻而易举地制作成水中的倒影。

主要制作流程：

◎ 制作时间：6分钟
◎ 知识重点：变化 翻转 动感模糊
◎ 学习难度：★★

操作步骤

1. 选择"文件"→"新建"菜单命令（快捷键 Ctrl + N），新建文件"4-1-4"，并设置"宽度"为 25 厘米、"高度"为 28 厘米，"分辨率"为 300 像素／英寸，如图 4-16 和图 4-17 所示。

图 4-16

图 4-17

2. 选择"文件"→"打开"菜单命令（快捷键 Ctrl + O），打开"光盘／素材文件 /ch04/4-1-4.tif" 文件，如图 4-18 所示。

图 4-18

3. 选择工具栏中的移动工具 ，将上一步的图片拖拽至文件中，自动生成"图层 1"，如图 4-19 所示。

图 4-19

4. 在"图层"控制面板中选中"图层 1"，然后单击鼠标右键，选择"复制"命令，生成"图层 1 副本"，如图 4-20 所示。

图 4-20

5. 在"图层"控制面板中选中"图层 1 副本"，执行"编辑"→"变换"→"垂直翻转"命令，得到翻转的"图层 1 副本"，如图 4-21 所示。

6. 在"图层"控制面板中选中"图层 1 副本"，按快捷键 Ctrl+T 自由变换，调整其大小和位置，如图 4-22 所示。

7. 执行"滤镜"→"模糊"→"动感模糊"菜单命令，设置"角度"为 90 度，"距离"为 200 像素，如图 4-23 和图 4-24 所示，效果如图 4-25 所示。

图 4—21

图 4—22

图 4—23

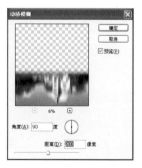

图 4—24

图 4—25

8. 选择"图像"→"调整"→"色相／饱和度"菜单命令，或者按快捷键Ctrl+U进行调整，"色相"设置为－5，"饱和度"设置为－15，如图4—26和图4—27所示，得到的效果如图4—28所示。

图 4—26

图 4—27

图 4—28

案例小结

翻转的方法有很多种,可以利用变化对话框进行翻转。最简单的镜像处理就是翻转命令。

4.2 照片色调处理

在 Photoshop CS4 中使用调整的各种命令来对不满意的照片颜色进行处理,还原本色、突出层次感。

4.2.1 照片色调的自动调整

对于偏色不太严重的数码照片,我们可以选择 Photoshop 调整功能下面的自动调整命令来修饰所要更改的照片。

主要制作流程:

◎ 制作时间:2 分钟

◎ 知识重点:自动色阶

◎ 学习难度:★

操作步骤

1. 选择"文件"→"打开"菜单命令（快捷键 Ctrl + O），打开"光盘／素材文件/ch04/4-2-1.jpg"文件，选择"图像"→"自动色调"菜单命令（快捷键Shift + Ctrl + L），如图4-29和图4-30所示。

图 4-29

图 4-30

提示：

为了快捷地改变图片的质量，选择"自动色调"菜单命令，系统会自动完成相应的调整，从而省去烦琐的操作。

2. 选择"图像"→"自动颜色"菜单命令（快捷键Shift + Ctrl + B），如图4-31所示。

图 4-31

3. 选择"图像"→"自动对比度"菜单命令（快捷键 Alt + Shift + Ctrl + L），如图4-32和图4-33所示。

图 4-32

图 4-33

案例小结

为了省去烦琐的操作步骤，可以快速调整图像的色调、颜色以及对比度，可以运用自动调整命令快速完成。

4.2.2　照片亮度／对比度调整

如果照片的亮度和对比度不够，那么图片看起来像是蒙上了一层灰，不能把照片的颜色表现出来，为了弥补这一缺点，可以通过"亮度／对比度"命令进行调整，以对照片进行修正。

主要制作流程：

◎ 制作时间：5分钟

◎ 知识重点：亮度　对比度

◎ 学习难度：★

操作步骤

1. 选择"文件"→"打开"菜单命令（快捷键Ctrl＋O），打开"光盘／素材文件／ch04/4-2-2.jpg"文件，如图4-34所示。

图4-34

2. 调出"图层"面板，拖动"背景"图层到"图层"面板下的"创建新图层"按钮，创建"背景副本"层，如图4-35所示。

图4-35

3. 选择"图像"→"调整"→"亮度／对比度"菜单命令，如图4-36所示。

图4-36

4. 在弹出的"亮度／对比度"对话框中设置参数："亮度"为+20，"对比度"为+25，如图4-37所示。

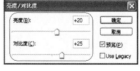

图4-37

提示：

在设置"亮度/对比度"参数时，要确定选中"预览"复选框，以便在调整时及时查看效果，从而保证得到最佳效果，设置完成后单击"确定"按钮。

5. 完成操作，最终效果如图4-38所示。

图4-38

案例小结

通过调整图像的"亮度／对比度"，可以使灰蒙蒙的照片恢复原来应有的生机。

4.2.3 照片颜色和饱和度的调整

如果照片颜色和饱和度不够，也会影响视觉效果，本案例就利用"色相／饱和度"的调整来处理不满意的照片。

主要制作流程：

◎ 制作时间：5分钟

◎ 知识重点：色相／饱和度

◎ 学习难度：★

操作步骤

1. 选择"文件"→"打开"菜单命令（快捷键 Ctrl + O），打开"光盘／素材文件/ch04/4-2-2.jpg"文件，如图4-39所示。

2. 拖动"背景"图层到"创建新图层"，创建"背景副本"层，如图4-40所示。

3. 选择"图像"→"调整"→"色相／饱和度"菜单命令，弹出"色相／饱和度"对话框，如图4-41所示进行设置即可。

4. 最终效果如图4-42所示。

图4-39

图 4—40

图 4—42

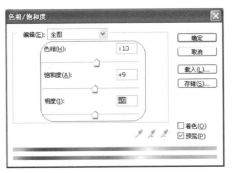

图 4—41

案例小结

通过调整图像的"亮度／对比度"命令，可以调整图像中特定颜色分量的色相、饱和度和亮度，或者同时调整图像中的所有颜色。此命令尤其适用于微调CMYK图像中的颜色，以便它们处在输出设备的色域内。

4.3 照片的修复处理

在光线比较弱、比较强，或者相机角度模式不正确的时候，往往拍出来的照片会出现例如曝光不足、逆光、噪点等情况。本节将详细讲解这些照片的修复处理方法。

4.3.1　照片噪点的去除

在照片拍摄过程中，由于种种原因，拍摄好了的照片可能会出现噪点。本案例就利用Photoshop的强大功能来处理照片的噪点。

主要制作流程：

◎　制作时间：5分钟

◎　知识重点：滤镜　减少杂色

◎　学习难度：★☆

操作步骤

1. 选择"文件"→"打开"菜单命令（快捷键Ctrl＋O），打开"光盘／素材文件/ch04/4-3-1.jpg"文件，切换到"导航器"面板，拖动下面的滑块可放大或缩小显示，向右拖动滑块放大显示，可以清楚地看到"红"、"蓝"、"绿"色的数码噪点及其杂色，如图4-43和图4-44所示。

图4-43

图4-44

使用技巧：

如果没有调出"导航器"面板，可以选择"窗口"→"导航器"命令调出。要查看目前图片显示大小比例，也可以在图片的左下角查看。

2. 选择"滤镜"→"杂色"→"减少杂色"菜单命令，如图4-45所示。

图4-45

3. 在弹出的"减少杂色"对话框中进行参数设置，设置好后单击"确定"按钮，如图4-46所示。

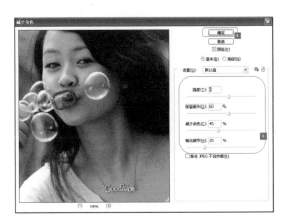

图 4-46

图 4-47

4. 完成后的最终效果如图 4-47 所示。

案例小结

利用"减少杂色"的滤镜，可以消除照片中的杂色。

其各项设置分别表示如下：

"强度"：用来控制应用于所有通道的亮度杂色减少量。

"保留细节"：指保留边缘和图像细节。

"减少杂色"：移去随机的颜色像素，数值设置越大，减少的颜色杂色越多。

"锐化细节"：指对图像进行锐化，移去杂色将会降低图像的锐化程度，我们可调节对话框中的锐化控件来恢复锐化的程度。

4.3.2　修复曝光不足

在拍摄的时候，如果不留意相机的设置，往往导致拍摄出来的照片曝光不足，这多半是拍摄时测光不正确造成的。使用"填充"命令可以校正曝光不足的照片。

主要制作流程：

◎ 制作时间：8 分钟

◎ 知识重点：灰度　高斯模糊　填充

◎ 学习难度：★★

操作步骤

1．选择"文件"→"打开"菜单命令（快捷键Ctrl＋O），打开"光盘/素材文件/ch04/4-3-2.jpg"文件，选择"图像"→"复制"菜单命令，在弹出的"复制图像"对话框中选择默认设置，如图4-48和图4-49所示，生成一个文件副本，如图4-50所示。

图4-48

图4-49

图4-50

2．选择复制的副本文件，选择"图像"→"模式"→"灰度"菜单命令，在弹出的对话框中单击"确定"按钮，将图像转换为灰度模式，如图4-51和图4-52所示。

图4-51

图4-52

3．继续选择副本文件，选择"滤镜"→"模糊"→"高斯模糊"菜单命令，在弹出的"高斯模糊"对话框中进行参数设置，半径为2像素，设置好后单击"确定"按钮，如图4-53和图4-54所示。

图4-53

图4-54

4．返回原来的彩色照片，选择"选择"→"载入选区"命令，如图4-55所示，在弹出的对话框中，设置"源"，并选中"反相"复选框，通过灰度的副本来创建需要调亮的部分，单击"确定"按钮，如图4-56和图4-57所示。

5．选择"编辑"→"填充"命令，如图4-58所示。在弹出的"填充"对话框中，设置"内容"中的"使用"为"50%灰色"，设置"混合"中的"模式"为"颜色减淡"且"不透明度"为50%，单击"确定"按钮，如图4-59和图4-60所示。

图 4-55

图 4-56

图 4-57

图 4-58

图 4-59

图 4-60

使用技巧：

"颜色减淡"模式查看每个通道中的颜色信息，并通过减小对比度使基色变亮来反映混合色，与黑色混合则不发生变化。

6．为了能够达到更加理想的效果，可以进行二次填充。选择"编辑"→"填充"命令，如图4-61所示。在弹出的"填充"对话框中，设置"内容"中的"使用"为"50%灰色"，设置"混合"中的"模式"为"颜色减淡"且"不透明度"为20%，单击"确定"按钮，如图4-62和图4-63所示。

图 4-61

图 4-62

图 4-63

图 4-64

图 4-65

7. 填充好之后，按快捷键 Ctrl + D 取消选区。选择"图像"→"调整"→"色彩平衡"菜单命令，在弹出的"色彩平衡"对话框中调节"青色"和"红色"之间的滑块，数值为 −5，单击"确定"按钮，如图 4-64 和图 4-65 所示，得到的最终效果如图 4-66 所示。

图 4-66

案例小结

灰度模式是指在图像中使用不同的灰度级别。在 8 位图像中，最多有 256 级灰度。使用黑白或者灰度扫描仪生成的图像通常以灰度模式显示。

4.3.3　修复曝光过度的照片

曝光过度的照片也会使照片主体缺乏层次感，拍摄时照片曝光过度一般是由于使用闪光灯的距离不对。闪光灯的主要作用是照亮场景，但有时也会因为闪光强烈而范围有限，导致图像曝光过度。

主要制作流程：

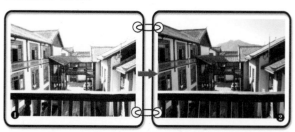

◎　制作时间：5 分钟

◎　知识重点：图层混合模式

◎　学习难度：★

操作步骤

1. 选择"文件"→"打开"菜单命令（快捷键 Ctrl + O），打开"光盘／素材文件／ch04／4-3-3.jpg"文件，单击"图层"面板中的"背景"图层，将其拖到"创建新图层按钮"，新建"背景副本"，如图4-67所示。

图4-67

2. 选中"图层"面板中的"背景副本"层，在"图层"面板中设置参数，其中图层的混合模式为"正片叠底"，"不透明度"为40%，"填充"为55%，设置好后单击"确定"按钮，如图4-68和图4-69所示。

图4-68

图4-69

---

3. 继续单击"图层"面板中的"背景副本"图层，将其拖到"创建新图层"按钮，新建"背景副本2"，如图4-70所示。选中"背景副本2"层，在"图层"面板中设置参数，其中图层的混合模式为"正片叠底"，"不透明度"为40%，"填充"为55%，设置好后单击"确定"按钮，如图4-71和图4-72所示。

图4-70

图4-71

图4-72

4. 可以根据需要重复几次以上步骤，得到最佳效果，如图4-73所示。

图4-73

知识点链接：

使用"正片叠底"混合模式的时候，Photoshop会自动查看每个通道中的信息，并将基色与混合色符合，结果色比较暗。其中任何颜色与白色混合保持不变，任何颜色与黑色混合产生黑色。

使用技巧：

"正片叠底"图层的"不透明度"和"填充"没有设置为100%，是因为图像不会一次性叠加，而颜色缺乏层次感。使用多次"正片叠底"让颜色均匀加深，效果更佳。

案例小结

"正片叠底"的图层混合模式可以恢复被闪光冲淡的图层的原始信息。这样就完成了对曝光过度照片的校正。

4.3.4　修复逆光的照片

逆光下的情景有时候也非常美丽，但是由于拍摄条件有限，偶尔出来的照片差强人意。接下来我们就介绍一种修复逆光照片的方法。

主要制作流程：

◎　制作时间：5分钟

◎　知识重点：多边形套索工具
　　　　　　　阴影／高光命令

◎　学习难度：★

操作步骤

1. 选择"文件"→"打开"菜单命令（快捷键Ctrl＋O），打开"光盘／素材文件/ch04/4-3-4.jpg"文件，如图4-74所示。

2. 选择工具栏中的多边形套索工具 设置属性栏为 ，勾勒暗部的图形，如图4-75所示。

图4-74

图4-75

3. 选中"选择"→"修改"→"羽化"菜单命令，如图4-76所示，在弹出的"羽化选区"对话框中设置"羽化半径"为10像素，然后单击"确定"按钮。接下来按快捷键Ctrl + J，将选取的图像复制到一个新的图层中，如图4-77和图4-78所示。

图4-76

图4-77

图4-78

4. 选中"图像"→"调整"→"阴影/高光"菜单命令，在弹出的"阴影/高光"对话框中设置"阴影"中的"数量"为50%，然后单击"确定"按钮，使暗部变亮，如图4-79和图4-80所示。

图4-79

图4-80

知识点链接：

执行"阴影/高光"命令，Photoshop会自动分析照片高光和阴影部分的情况，通过照片可以看到，照片的高光部分曝光正常，因此要调整暗部，调整的数值可以根据不同情况进行设定。

5. 按快捷键Ctrl + M，在弹出的"曲线"对话框中保持默认通道，调整"输入"为119，"输出"为141，最后单击"确定"按钮，完成操作，如图4-81和图4-82所示。

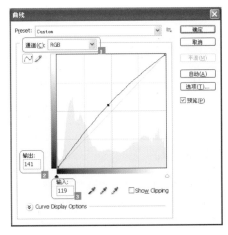

图4-81

图4-82

案例小结

数码相机拍逆光照片很难调整明暗关系。通过上面的例子可以看到，只要照片不是不可救药，那么用软件还可以处理一下，使其恢复原来的拍摄意愿。

4.3.5 修复灰蒙蒙的照片

在拍照的过程中往往因为天气等因素，令照片没有生机感。一张灰蒙蒙的照片可以通过调整各个频段颜色的参数来达到最佳效果，使色彩更加绚丽。

主要制作流程：

◎ 制作时间：8分钟

◎ 知识重点：色阶
　　　　　　色相饱和度

◎ 学习难度：★★

操作步骤

1. 选择〝文件〞→〝打开〞菜单命令（快捷键 Ctrl + O），打开〝光盘／素材文件 /ch04/4-3-5.jpg〞文件，如图 4-83 和图 4-84 所示。

图 4-84

2. 单击〝图层〞面板中的〝背景〞图层，将其拖到〝创建新图层〞按钮，新建〝背景副本〞，如图 4-85 所示。

3. 选择〝图像〞→〝调整〞→〝色阶〞菜单命令，或按快捷键 Ctrl + L，如图 4-86 所示。

图 4-83

图 4-85

图 4-86

知识点链接：

在这里除了手动调整色阶命令，还可以选择"图像"→"自动色调"菜单命令来调整照片的色调，其快捷键为 Shift + Ctrl + L。

4. 选择"色阶"命令后在弹出的"色阶"对话框中，设置默认通道为 RGB，在"输入色阶"3个栏中的参数从左到右依次设置为0、1.10、245，如图 4-87 所示。

5. 设置"通道"为"红"，在"输入色阶"3个栏中的参数从左到右依次设置为0、0.95、255，如图 4-88 所示。

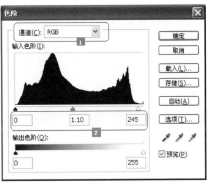

图 4-87

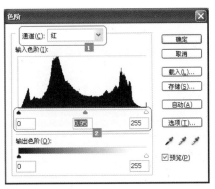

图 4-88

6. 设置"通道"为"蓝"，"输入色阶"3个栏中的参数从左到右依次设置为0、0.9、255，如图 4-89 和图 4-90 所示。

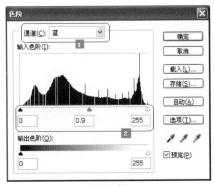

图 4-89

图 4-90

知识点链接：

设置RGB通道是对图像色彩进行调整。此时的图片中冷色（也就是蓝色）较多，而红色不够，所以我们要对这两种颜色进行调整。

图4-92

7. 选择"图像"→"调整"→"色相／饱和度"菜单命令，或按快捷键Ctrl＋U，在弹出的对话框中设置"色相"为5，"饱和度"为25，"明度"为2，最后单击"确定"按钮，如图4-91和图4-92所示。

图4-91

案例小结

在色阶对话框中可以通过调整图像的阴影、中间调以及高光的强度级别来校正图像的色调范围和色彩平衡，从而突出图像中静物的层次感。

4.3.6 修复褪色的彩色照片

一些时间久了的照片，由于各种原因可能会产生褪色现象，但是传统照片的修复难度系数比较大，那么如果把褪了色的彩色照片扫描之后使其成为数码照片，修复起来就方便多了，修复好之后还可以冲印出来，又成了一张色彩鲜艳的传统照片。

主要制作流程：

◎ 制作时间：4分钟

◎ 知识重点：色彩平衡

◎ 学习难度：★

操作步骤

1. 选择"文件"→"打开"菜单命令（快捷键 Ctrl + O），打开"光盘/素材文件/ch04/4-3-6.jpg"文件，如图4-93所示。

图4-93

2. 单击"图层"面板中的"背景"图层，将其拖到"创建新图层"按钮，那么就新建了一个"背景副本"，如图4-94所示。

图4-94

3. 选择"图像"→"调整"→"色彩平衡"菜单命令，或按快捷键Ctrl + B，如图4-95所示。

图4-95

4. 选择"色彩平衡"命令后，在弹出的"色彩平衡"对话框中，拖动色彩滑块，调到最佳效果。选择图像中要调整的对象为"中间调"，然后单击"确定"按钮，如图4-96和图4-97所示。

图4-96

图4-97

知识点链接：

调整对象有"阴影"、"中间值"、"高光"部分，表示更改的色调范围，分别为较暗区域、中间区域和较亮区域。

案例小结

褪色照片的处理最重要的是调整色彩平衡，对于普通的色彩校正，利用"色彩平衡"命令能更改图像的总体颜色混合。调整色调时，将滑块托向图像中要加深的颜色，或者将滑块脱离图像中要减淡的颜色即可。

第 **5** 章　人物照片处理

5.1　人物基本处理

"爱美之心，人皆有之"。人物的五官、发型、服装等都影响着其美观与否， 在拍照片的时候，有些主观因素我们并不可以改变。我们将配合 Photoshop CS4 的各种工具以及滤镜，讲述一些美化图片效果的实例。

5.1.1　皱纹和眼袋的魔术

Photoshop 的修复画笔工具可以去除照片中人物面部的皱纹和眼袋，使人物看起来更加年轻，富有生命力。

主要制作流程：

◎　制作时间：10 分钟

◎　知识重点：修复画笔工具　　减淡工具

◎　学习难度：★★

操作步骤

1. 选择"文件"→"打开"菜单命令（快捷键 Ctrl+O），打开"光盘／素材文件/ch05/5-1-1.jpg"文件，如图 5-1 所示。单击"图层"面板中的"背景"图层，将其拖到"创建新图层"按钮，新建"背景副本"，如图 5-2 所示。

图 5-3

图 5-1

图 5-4

图 5-2

2. 单击工具栏中的缩放工具，按住鼠标左键拖动，在人物的眼睛处画一个框，放大图像以便操作，如图 5-3 所示。

3. 选择工具栏中的修复画笔工具，按住 Alt 键的同时点击照片中皮肤较光滑的部分取样，如图 5-4 所示。

4. 松开 Alt 键，在需要去除眼袋的位置上绘制，绘制第一笔时，边缘显得比较生硬，但当松开画笔后，修复笔会自动计算，达到与原来的质地很好地融合的效果，如图 5-5 和图 5-6 所示。

图 5-5

图5-6

6．选择工具栏中的减淡工具，设置属性栏中的"曝光度"为50%，然后在眼睛下方的暗部单击，减淡黑眼圈，得到本案例的最终效果，如图5-8至图5-10所示。

图5-8

图5-9

使用技巧：

在使用修复画笔工具时，可配合键盘上的[和]键来调整画笔大小，也可以单击鼠标右键，在弹出的对话框中设置画笔大小的数值或者拖动滑块来设置，以达到修饰的最好效果。

图5-10

5．用同样的方法修复另一只眼睛，如图5-7所示。

图5-7

案例小结

修复画笔工具在修复时并不是生硬地采样，而是将原来图像的纹理、像素等属性复制后，与指定位置的图像纹理、像素混合换算，然后对其修复。

5.1.2　眼睛明亮有神术

眼睛是心灵的窗户，明亮的眼睛会使人看起来神采奕奕。但是在拍摄的过程中，很难将人物的眼睛表现得淋漓尽致，不过可以通过后期处理，来实现拍摄时所无法达到的效果。本案例就是利用减淡工具让照片中人物的眼睛更加明亮。

主要制作流程：

◎　制作时间：7分钟

◎　知识重点：减淡工具　钢笔工具

◎　学习难度：★★

操作步骤

1. 选择"文件"→"打开"菜单命令（快捷键 Ctrl+O），打开"光盘／素材文件／ch05／5-1-2．jpg"文件，如图 5-11 所示。

图 5-11

2. 单击"图层"面板中的"背景"图层，将其拖到"创建新图层"按钮，新建"背景副本"，如图 5-12 所示。

图 5-12

3. 单击工具栏中的缩放工具，按住鼠标左键拖动，在人物的眼睛处画一个框，放大图像以便操作，如图 5-13 所示。

图 5-13

4. 选择工具栏中的减淡工具，设置属性栏中的"范围"为"中间调"，"曝光度"为 25%，

在眼睛要添加高光的位置反复点画，如图 5-14 所示。

图 5-14

5. 选择工具栏中的钢笔工具，切换到"路径"面板，新建一个路径，然后用钢笔工具勾画出人物的眼白路径，如图 5-15 和图 5-16 所示。

图 5-15

图 5-16

6. 按快捷键 Ctrl+Enter 将勾画眼白的路径转换为选区，选择"选择"→"修改"→"羽化"菜单命令，在弹出的对话框中选择"羽化半径"为 1 像素，如图 5-17 和图 5-18 所示。

图 5-17

55

图5-18

7. 用同样的方法修复另一只眼睛，如图5-19所示。

图5-19

使用技巧：

在使用修复画笔工具时，可配合键盘上的[和]键来调整画笔大小，也可以单击鼠标右键，在弹出的对话框中设置画笔大小的数值，或者拖动滑块来设置，以达到修饰的最好效果。

8. 继续选择工具栏中的减淡工具，设置属性栏中的"范围"为"中间调"，"曝光度"为25%，在选区部分反复点画，完成最终效果如图5-20所示。

图5-20

案例小结

使用减淡工具可以快速地变亮图像，使用时在工具栏中设置好适当的属性，在图像中配合适当的笔尖大小，在需要加亮的区域涂抹即可。

5.1.3　单眼皮变双眼皮

单眼皮有时会让人看起来眼睛无神，本案例就利用Photoshop的加深工具等来讲解将人物的单眼皮变成双眼皮的全过程。

主要制作流程：

◎　制作时间：12分钟

◎　知识重点：套索工具
　　　　　　　加深工具　路径

◎　学习难度：★★★

操作步骤

1. 选择"文件"→"打开"菜单命令（快捷键 Ctrl+O），打开"光盘／素材文件／ch05/5-1-3.jpg"文件，如图 5-21 所示。

图 5-21

2. 单击"图层"面板中的"背景"图层，将其拖到"创建新图层"按钮 ，新建一个"背景副本"，如图 5-22 所示。

图 5-22

3. 单击工具栏中的缩放工具 ，按住鼠标左键拖动，在人物的眼睛处画一个框，放大图像以便操作，如图 5-23 所示。

图 5-23

4. 单击"路径"面板中的"创建新路径"按钮 ，新建"路径 1"，如图 5-24 所示。

图 5-24

5. 选择工具栏中的钢笔工具 ，用钢笔工具勾画出人物的双眼皮的轮廓，如图 5-25 所示。

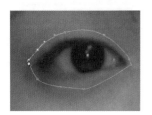

图 5-25

6. 按快捷键 Ctrl+Enter 将勾画双眼皮的路径转换为选区，选择"选择"→"修改"→"羽化"命令，在弹出的对话框中设置"羽化半径"为 1 像素，如图 5-26 和图 5-27 所示。

图 5-26

图 5-27

7. 选择工具栏中的加深工具 ，设置其属性为 ，在双眼皮部分反复画，如图 5-28 和图 5-29 所示。然后按快捷键 Ctrl+D 去掉选区，如图 5-30 所示。

图 5—28

图 5—29

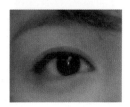

图 5—30

8．继续转换到"路径 1"，按快捷键 Ctrl+Enter
将勾画双眼皮的路径转换为选区，选择"选择"→
"修改"→"羽化"命令，在弹出的对话框中设置
"羽化半径"为 1 像素，单击"图层"面板中的"创
建新图层"按钮 ，新建一个图层"图层 1"，如图
5—31 和图 5—32 所示。

图 5—31

图 5—32

9．选择"编辑"→"描边"命令，在弹出的"描
边"对话框中，设置宽度为 1px，并设置"颜色"为
"C5、M15、Y10、K5"，"不透明度"设置为 50%，如
图 5—33 和图 5—34 所示。

图 5—33

图 5—34

10．选择"图层 1"图层，选择工具栏中的橡
皮擦工具 ，擦除多于的部分，单击"图层"面
板中的"创建新图层"按钮 ，新建一个图层"图
层 2"，如图 5—35 和图 5—36 所示。

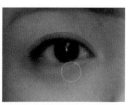

图 5—35

图 5—36

11. 继续转换到"路径1",按快捷键Ctrl+Enter将勾画双眼皮的路径转换为选区,选择"选择"→"修改"→"羽化"命令,在弹出的对话框中设置"羽化半径"为1像素,如图5-37所示。

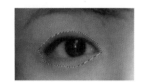

图5-37

12. 选择工具栏中的画笔工具✐,画眼影的部分,颜色设置为"C24、M52、Y0、K0",其中混合模式为"颜色","不透明度"设置为30%,如图5-38至图5-40所示。

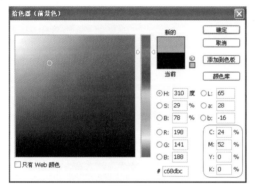

图5-38

图5-39

图5-40

使用技巧:

在使用画笔工具时,可配合键盘上的[和]键来调整画笔大小,也可以单击鼠标右键,在弹出的对话框中设置画笔大小的数值或者拖动滑块来设置,以达到修饰的最好效果。

13. 用同样的方法修复另一只眼睛,得到本案例的最终效果,如图5-41所示。

图5-41

案例小结

使用加深工具可以快速地变暗图像,使用时在工具栏中设置好适当的属性,在图像中配合适当的笔尖大小,在需要加深的区域涂抹即可。

5.1.4　美白牙齿

牙齿泛黄会使人的气质略微降低一些，本案例通过磁性套索工具和〝曲线〞命令来美白牙齿。

主要制作流程：

◎　制作时间：5分钟

◎　知识重点：磁性套索工具　曲线命令

◎　学习难度：★☆

操作步骤

1．选择〝文件〞→〝打开〞菜单命令（快捷键Ctrl+O），打开〝光盘／素材文件/ch05/5-1-4.jpg〞文件，如图5-42所示。

图5-42

2．单击工具栏中的缩放工具，按住鼠标左键拖动，在人物的嘴巴处画一个框，放大图像以便操作，如图5-43所示。

图5-43

3．选择工具栏中的磁性套索工具，沿着照片中人物牙齿的边缘单击并拖动，勾画出牙齿的选区，如图5-44所示。

图5-44

使用技巧：

在选择牙齿美白区域的时候可以配合工具栏中的缩放工具将牙齿部分放大或者缩小，以达到选取的最好效果。

4．选择〝选择〞→〝修改〞→〝羽化〞菜单命令，在弹出的对话框中设置〝羽化半径〞为1像素，如图5-45所示。

5．选择〝图层〞→〝新建〞→〝通过拷贝的图层〞菜单命令，将牙齿选区所包含的图像复制为独立的〝图层1〞，如图5-46和图5-47所示。

图 5-45

图 5-46

图 5-47

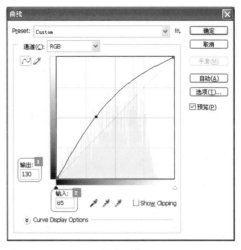

图 5-49

图 5-50

6．选择"图像"→"调整"→"曲线"菜单命令，在弹出的对话框中设置"输入"为 85，"输出"为 130，然后单击"确定"按钮，如图 5-48 和图 5-49 所示。得到的效果如图 5-50 所示。

提示：

如果觉得牙齿不够白，可以继续调整，但是不能太白，否则会出现失真现象。

图 5-48

案例小结

磁性套索工具可智能地紧贴图像边缘进行图像区域的选择，使用时应在属性栏中设置好它的宽度、边对比度以及频率参数。

5.1.5 打造性感双唇

漂亮性感的双唇可以让人显得更有活力，更有精神。本案例就利用 Photoshop CS4 的钢笔工具以及"色相饱和度"命令为人物的双唇添加效果。

主要制作流程：

◎ 制作时间：6 分钟

◎ 知识重点：钢笔工具
　　　　　　"色相饱和度"命令

◎ 学习难度：★☆

操作步骤

1. 选择"文件"→"打开"菜单命令（快捷键 Ctrl+O），打开"光盘／素材文件／ch05/5-1-5.jpg"文件，如图 5-51 所示。

图 5-51

2. 单击工具栏中的缩放工具 ，按住鼠标左键拖动，在人物的嘴巴处画一个框，放大图像以方便操作，打开"路径"面板，单击面板下方的"创建新路径"按钮，得到"路径 1"，如图 5-52 所示。

图 5-52

3. 选择工具栏中的钢笔工具 ，沿着照片中人物嘴唇的边缘勾画，勾画出嘴唇的轮廓，如图 5-53 所示。

图 5-53

图 5-56

使用技巧：

按下 Alt 键的同时滚动鼠标滚轮放大图像的显示，以便操作方便。

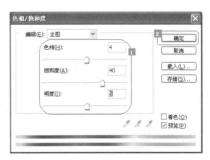

图 5-57

4．选择"路径"面板中的"将路径载入选区"按钮，继续选择"选择"→"修改"→"羽化"命令，或者按快捷键 Shift+F6，在弹出的对话框中选择设置"羽化半径"为 3 像素，如图 5-54 和图 5-55 所示。

图 5-54

图 5-58

图 5-55

5．选择"图像"→"调整"→"色相／饱和度"菜单命令，在弹出的对话框中设置"色相"为 4，"饱和度"为 40，"明度"为 5，然后单击"确定"按钮，如图 5-56 和图 5-57 所示。效果如图 5-58 所示。

6．选择"选择"→"取消选择"菜单命令，或者按快捷键 Ctrl+D 取消选区，得到的最终效果如图 5-59 所示。

图 5-59

案例小结

使用"色相／饱和度"命令可以调整图像中颜色的分量色相、饱和度和明度，也可以调整整个图像的所有颜色。

5.1.6 消除脸部雀斑

脸上的点点瑕疵会影响心情。本实例将选择修复画笔工具去除照片中人物面部的雀斑，从而呈现出一张干净、无瑕的白净脸庞。

主要制作流程：

◎ 制作时间：8 分钟

◎ 知识重点：修复画笔工具   中间值滤镜

◎ 学习难度：★★

操作步骤

1. 选择"文件"→"打开"菜单命令（快捷键 Ctrl+O），打开"光盘／素材文件 /ch05/5-1-6. jpg"文件，如图 5-60 所示。

2. 选择"图层"面板，将"背景"层拖动到面板下方的"创建新图层"按钮，得到"背景副本"。单击工具栏中的缩放工具 🔍，按住鼠标左键拖动，在人物的嘴巴处画一个框，放大图像以便于操作，如图 5-61 和图 5-62 所示。

图 5-60

图 5-61

图5-62

3. 选择"滤镜"→"杂色"→"中间值"菜单命令，在弹出的"中间值"对话框中设置"半径"为1像素，然后单击"确定"按钮，如图5-63和图5-64所示。

图5-63

图5-64

知识点链接：

中间值滤镜通过混合选区中像素的亮度来减少图像的杂色。

4. 选择"图像"→"调整"→"曲线"菜单命令，在弹出的"曲线"对话框中设置"输出"为134，"输入"为123，将照片整体颜色调亮，如图5-65至图5-67所示。

图5-65

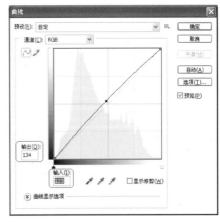

图5-66

图5-67

5. 选择工具栏中的修复画笔工具，并在属性栏中设置"模式"为"正常"，"源"选中"取样"按钮，按住Alt键在照片中皮肤光滑的区域点击获取样点，然后松开Alt键在需要去除斑点的位置进行涂抹，如图5-68和图5-69所示，得到本案例的最终效果如图5-70所示。

图5-68

图5-69

图5-70

案例小结

  修复画笔工具与仿制图章工具的操作方法相同，都可以修饰图中不够理想的区域。两者的区别在于仿制图章工具是将取点的图像原封不动地复制到要涂抹的区域，而修复画笔工具不是生硬地复制样点取样，而是将原样的纹理、色彩等属性复制后与原有的属性进行换算、融合后才修复。因此使用修复画笔工具得到的效果比仿制图章工具的效果更为细腻和柔和。

5.2　人物艺术处理

  "艺术照"风靡全球，但是在拍照片的时候，有些主观因素我们并不可以改变，那么怎样为有限的数码照片打造艺术效果呢？本节我们就配合Photoshop CS4的各种工具以及滤镜，讲述一些美化图片效果的实例。

5.2.1 电脑染发

染一种颜色的头发，换一个心情。对于爱美、时尚的女孩儿来说，总是喜欢将头发染成各种各样的颜色，但是在染发前又不知道真正染完之后是否适合自己。本案例就利用 Photoshop 的"色彩平衡"命令和"创建新的填充或调整图层"命令，轻松染发。

主要制作流程：

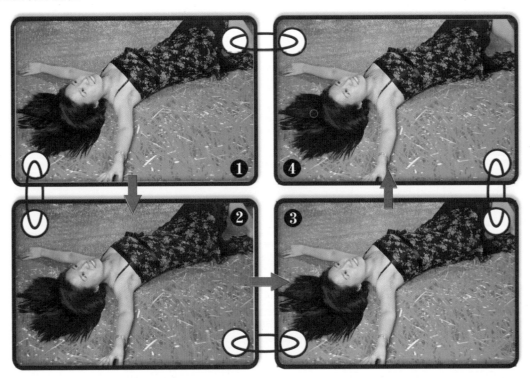

◎　制作时间：8 分钟

◎　知识重点："色彩平衡"命令　　"创建新的填充或调整层"命令

◎　学习难度：★★

操作步骤

1. 选择"文件"→"打开"菜单命令（快捷键 Ctrl+O），打开"光盘／素材文件／ch05／5-2-1.jpg"文件，如图 5-71 所示。

2. 选择"图层"面板，单击面板下方的"创建新的填充或者调整图层"按钮 ⊘.，选择"色彩平衡"命令，在弹出的"色彩平衡"对话框中，设置"色彩平衡"数值为"+58、-22、+15"，单击"确定"按钮，如图 5-72 和图 5-73 所示。

图 5-71

图5-72

图5-73

3．色彩平衡完成后，整个图像呈紫红色，同时在"图层"面板中自动添加了一个蒙版图层，如图5-74和图5-75所示。

图5-74

图5-75

4．按X键将前景色设置为黑色 ，按快捷键Alt+Delete将色彩平衡的蒙版填充前景色（黑色），如图5-76和图5-77所示。

图5-76

图5-77

5．选择工具栏中的画笔工具 ，按X键将前景色切换到白色 ，在属性栏中设置"模式"为"正常"，"不透明度"为85%，"流量"为55%，然后在人物头发上涂抹，如图5-78至图5-80所示。

图5-78

图5-79

图5-80

图5-81

图5-82

6．在头发绘制好之后，在"图层"面板中把"色彩平衡"蒙版的混合模式从"正常"改为"颜色"，设置"不透明度"为80%，让头发显得更自然，如图5-81和图5-82所示。得到本案例的最终效果如图5-83所示。

图5-83

案例小结

关于蒙版中的黑白灰，使用黑色蒙版涂抹时，作用就像橡皮擦工具一样，使被擦除的部分成为透明；而使用白色涂抹时，就相当于一个使用黑色涂抹操作的逆反过程，可以使被擦除的部分还原；使用涂抹的时候，效果就界于白色和黑色之间，可以让图像呈现不同半透明的效果。

5.2.2　工笔画美女

　　坐在画室或者某个写生区成为画家笔下的美景，那种感觉很美也很向往，但并不是很容易实现的。想把自己的照片变成一张工笔画吗？那就运用Photoshop强大的功能，坐在计算机前来实现自己的愿望吧！

主要制作流程：

　　◎　制作时间：15分钟

　　◎　知识重点："去色"命令　　"反相"命令　　"最小值"滤镜

　　◎　学习难度：★★★

操作步骤

　　1. 选择"文件"→"打开"菜单命令（快捷键Ctrl+O），打开"光盘／素材文件/ch05/5-2-2.jpg"文件，如图5-84所示。

　　2. 选择"图层"面板，将"背景"层拖动到面板下方的"创建新图层"按钮，得到"背景副本"，然后选择"图像"→"调整"→"去色"菜单命令，如图5-85和图5-86所示。

图5-84

图5-85

图5-86

3. 继续复制"背景副本"得到"背景副本1", 然后选择"图像"→"调整"→"反相"菜单命令, 如图5-87至图5-89所示。

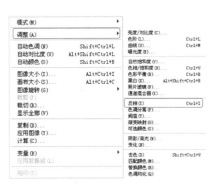

图5-87

图5-88

图5-89

提示：

可以根据自己的喜好任意调整参数。

4. 选中"图层"面板中的"背景副本2", 选择图层的混合模式为"颜色减淡", 这样图形就显示为白色的了, 如图5-90所示。

5. 选择"滤镜"→"其他"→"最小值"菜单命令, 在弹出的对话框中设置"半径"为1像素, 如图5-91至图5-93所示。

图 5-90

图 5-91

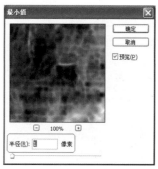

图 5-92

图 5-93

6. 双击"图层"面板中的"背景副本2"图层，在弹出的对话框中按住Alt键拖动滑轮下的三角，数值如图5-94所示，得到的效果如图5-95所示。

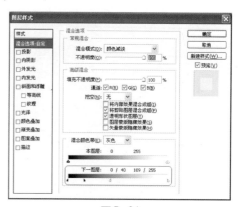

图 5-94

图 5-95

7. 按住Shift键，同时选中"背景副本"与"背景副本2"，然后按快捷键Ctrl+E将两个图层合并，得到一个新的图层"背景副本 2"，然后选择"图像"→"调整"→"可选颜色"菜单命令，在弹出的"可选颜色"对话框中设置"颜色"为"中性色"，并选择"黑色"为 +15%，如图5-96至图5-98所示。

图 5-96

图5-97

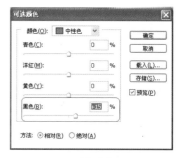

图5-98

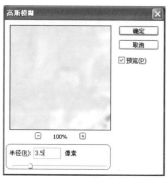

图5-101

图5-102

8. 单击并拖动"背景副本 2"到"图层"面板下方的"创建新图层"按钮，得到一个新的图层"背景副本 3"。然后执行"滤镜"→"模糊"→"高斯模糊"命令，在弹出的"高斯模糊"对话框中设置"半径"为3.5像素，如图5-99至图5-102所示。

图5-99

9. "背景副本 3"添加蒙版，按X键将前景色设置为黑色■，按快捷键Alt+Delete将色彩平衡的蒙版填充前景色（黑色），选择工具栏中的画笔工具，在属性栏中设置"模式"为"正常"，"不透明度"为50%，"流量"为68%，然后在人物脸部轻轻涂抹，如图5-103至图5-105所示。

图5-103

图5-104

图 5-105

图 5-108

10. 将"背景"层拖动到"创建新图层"按钮，得到"背景副本"图层，并将其拖动到最上面一层，然后将图层的混合模式改为"颜色"，如图 5-106至图 5-108 所示。

图 5-106

图 5-109

图 5-110

图 5-107

11. 单击"图层"面板下方的"创建新图层"按钮，得到一个新的图层"图层 1"，设置前景色为"C4、M13、Y20、K0"，按快捷键 Alt+Delete 将图层填充，然后选择图层的混合模式为"线性加深"，"不透明度"设置为35%，如图 5-109至图 5-111 所示。

图 5-111

案例小结

滤镜效果中的最小值和最大值

对于修改蒙版非常有用。"最大值"滤镜有应用阻塞的效果：展开白色区域和阻塞黑色区域。"最小值"滤镜有应用伸展的效果：展开黑色区域和收缩白色区域。与"中间值"滤镜一样，"最大值"和"最小值"滤镜针对选区中的单个像素。在指定半径内，"最大值"和"最小值"滤镜用周围像素的最高或最低亮度值替换当前像素的亮度值。

5.3　边框效果处理

一张自己的照片，如果经过设计制作，能展现在我们面前的则增加了独特的风味。本节我们就配合Photoshop CS4的各种工具以及滤镜介绍几种边框的制作，讲述一些美化图片效果的实例。

5.3.1　设计简单相框

经过简单的设计，就可以为心爱的照片做一个独有的相框了。本案例将介绍如何使用滤镜配合图层样式来制作出精美相框的照片效果。

主要制作流程：

◎　制作时间：12分钟

◎　知识重点："彩色半调"滤镜　　"碎片"滤镜
　　　　　　　　"锐化"滤镜

◎　学习难度：★★★

1．选择"文件"→"打开"菜单命令（快捷键
Ctrl+O），打开"光盘／素材文件/ch05/5-3-1.
jpg"文件，如图5-112所示。

图5-112

2．切换到"图层"面板，单击面板下边的"创
建新图层"按钮，新建一个图层"图层1"，如图
5-113所示。

图5-113

3．在颜色调板中，将前景色设置为"C32、
M66、Y0、K0"，按快捷键Alt+Delete用前景色对
"图层1"进行填充，如图5-114所示。

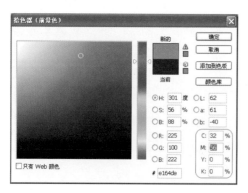

图5-114

4．选择工具栏中的矩形选框工具，在页面
中绘制一个比图像边缘较小的矩形选框，然后单击
"以快速蒙版模式编辑"按钮，或单击Q键，进
入快速蒙版编辑模式，如图5-115和图5-116所示。

图5-115

图5-116

知识点链接：

进入快速蒙版编辑模式，将未被选取的区
域保护起来，以免受到任何更改。

5．选择"滤镜"→"像素化"→"彩色半调"
命令，在弹出的对话框中设置"最大半径"为16像
素，如图5-117和图5-118所示。

6．选择"滤镜"→"像素化"→"碎片"菜单
命令，将图像边缘进一步碎化，如图5-119所示。

7．选择"滤镜"→"锐化"→"锐化"菜单命
令，锐化已经碎化的边框，接着按快捷键Ctrl+F执
行两次锐化，使边缘更加精细，如图5-120所示。

图 5-117

图 5-118

图 5-119

图 5-120

8. 单击"以标准模式编辑"按钮，或单击Q键，退出快速蒙版编辑模式，从而得到照片中相框的选区，按Delete键，将选区内的图像删除，显示出"背景"图层的图像，如图5-121和图5-122所示。

图 5-121

图 5-122

9. 按快捷键Ctrl+D取消选区，在"图层"面板中双击"图层1"，在弹出的"图层样式"对话框中选中"外发光"复选框，接着选择颜色为"白色"，设置好之后单击"确定"按钮，为相框制作外发光效果，如图5-123所示。

图 5-123

10.切换到"图层"面板，单击面板下边的"创建新图层"按钮，新建一个图层，得到"图层2"，接着将前景色设置为白色 ，如图5-124所示。

图5-124

11.选择工具栏中的画笔工具 ，并在属性栏中单击"画笔预设选取器"按钮，选择画笔绘制星形，如图5-125所示。

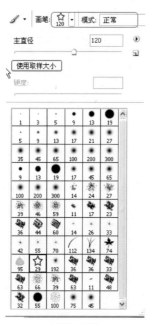

图5-125

12.选中"图层2"选择"滤镜"→"锐化"→"锐化"菜单命令，锐化绘制好的星形，让效果变得更为锐利，如图5-126和图5-127所示。

图5-126

图5-127

案例小结

"蒙版"的作用是当选择某个图像的部分区域时，未选中的区域将"被蒙蔽"或受保护以免被编辑。

5.3.2　残破边框

本案例将介绍如何使用滤镜配合图层样式来制作出撕裂的照片效果。

主要制作流程：

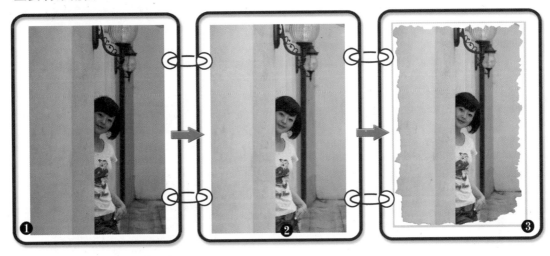

◎　制作时间：8 分钟

◎　知识重点："晶格化"滤镜　"载入选区"命令

◎　学习难度：★★

操作步骤

1．选择"文件"→"打开"菜单命令（快捷键 Ctrl+O），打开"光盘／素材文件／ch05/5-2-3.jpg"文件，如图 5-128 所示。

2．选择"图像"→"调整"→"曲线"菜单命令，在弹出的"曲线"对话框中设置"输出"为180，"输入"为140，将照片整体颜色调亮，如图 5-129 至图 5-131 所示。

3．切换到"通道"面板，单击面板下边的"创建新通道"按钮，新建一个通道 Alpha 1，如图5-132 所示。

4．选择工具栏中的套索工具，在新建的通道中绘制出撕边效果的选区，然后选择"选择"→"反向"反选选区，按Delete键删除选区内颜色，如图 5-133 和图 5-134 所示。

图5-128

图 5-129

图 5-133

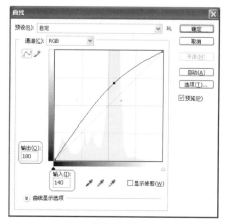

图 5-130

图 5-134

图 5-131

5．选择"滤镜"→"像素化"→"晶格化"菜单命令，在弹出的"晶格化"对话框中设置"单元格大小"为20，然后按快捷键Ctrl+D取消选区，如图5-135至图5-137所示。

图 5-132

图 5-135

图 5—136

图 5—137

提示：

晶格化的制作是为了使撕裂的边缘呈现出参差不齐的层次感。

6．返回"图层"面板，拖动"背景"层到"创建新图层"按钮，新建"背景副本"层。选中"背景"层，按 X 键将前景色设置为黑色■，按快捷键 Ctrl+Delete 将色彩平衡的蒙版填充白色，如图5-138 和图 5-139 所示。

图 5—138

图 5—139

7．双击"背景副本"层，在弹出的"图层样式"对话框中，选中"投影"复选框，设置"不透明度"为 75％，如图 5-140 所示。

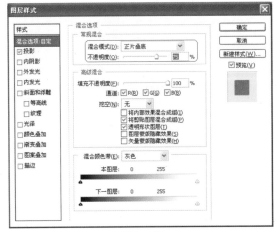

图 5—140

8．选择"选择"→"载入选区"命令，在弹出的"载入选区"对话框中，选择"通道"为 Alpha 1，载入撕边选区，如图 5-141 和图 5-142 所示。

图 5—141

9．载入撕边选区后按 Delete 键删除选区内的图像，如图 5-143 和图 5-144 所示。

图 5-142

图 5-144

图 5-143

案例小结

任何一张照片拿到手之后都要调整其颜色等因素，这样调出来之后才看着更加舒服、美观。Photoshop 的"晶格化"滤镜可以使像素结块形成多边形纯色。

第 6 章　风景照片处理

6.1　风光基本处理

四季的变化、晨昏的变化、天气的变化都是无偿的，一张春天时候的照片很漂亮，那么秋天的时候也别有一番风景，所以我们将配合 Photoshop CS4 各种工具的使用，讲述一些处理风景图片效果的实例。

6.1.1　蓝天白云

本案例的天空蔚蓝，色彩鲜艳，很是美观。如果将蔚蓝的天空添加几多白云，那么立即变成了另一种风格的风景。

主要制作流程：

◎　制作时间：10 分钟

◎　知识重点：套索工具　云彩　分层云彩

◎　学习难度：★★

操作步骤

1. 选择"文件"→"打开"命令(快捷键Ctrl+O)，打开"光盘／素材文件／ch06/6-1-1.jpg"文件，单击"图层"面板中的"背景"图层，将其拖到"创建新图层"按钮，新建"图层副本"，如图6-1所示。

图 6-1

2. 选择"文件"→"新建"命令(快捷键Ctrl+N)，在弹出的对话框中设置文件"名称"为"蓝天白云"，"宽度"为21厘米、"高度"为10厘米、"分辨率"为300像素／英寸，"颜色模式"和"背景内容"分别为CMYK和"白色"，如图6-2和图6-3所示。

图 6-2

3. 设置前景色，色值为"C80、M57、Y15、K0"，继续设置背景色为"C55、M20、Y0、K0"，如图6-4和图6-5所示。

图 6-3

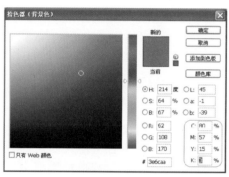

图 6-4

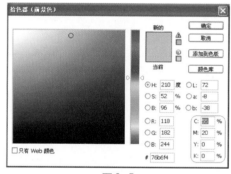

图 6-5

4. 选择"图层"面板下的"添加图层样式"按钮，弹出"图层样式"对话框，选中"渐变叠加"复选框，如图6-6至图6-8所示。

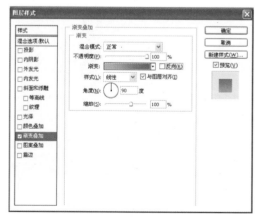

图 6-6

图6-7

图6-8

5. 选择"图层"面板下的"创建新图层"按钮，新建一个"图层1"。按D键将前景色与背景色设置为默认黑白▣。选择"滤镜"→"渲染"→"云彩"菜单命令。再选择"滤镜"→"渲染"→"分层云彩"菜单命令。接着连续按两次快捷键Ctrl+F，重复执行"分层云彩"滤镜两次，如图6-9至图6-12所示。

图6-9

图6-10

图6-11

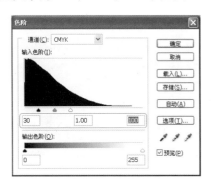

图6-12

使用技巧：

重复上一步操作的快捷键为Ctrl+F。

6. 选择"图像"→"调整"→"色阶"菜单命令（快捷键Ctrl+L）提高图像对比，在弹出的对话框中设置大小为"30、1.00、100"，如图6-13所示。

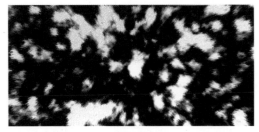

图6-13

7. 复制"图层1"得到"图层1副本"。在新图层上，选择"滤镜"→"风格化"→"凸出"命令，图6-14所示。在弹出的对话框中设置色阶值"大小"为2像素，"深度"为30，并选中"立方体正面"复选框，如图6-15至图6-17所示。

图6—14

图6—18

图6—15

图6—19

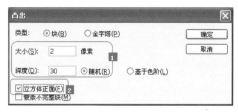

图6—16

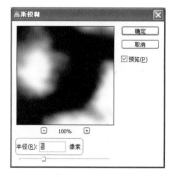

图6—20

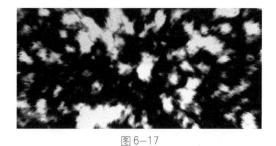

图6—17

图6—21

8．将"图层1"和"图层1副本"的混合模式改为"滤色"命令，得到的效果如图6—18所示。

9．选择"图层1副本"，执行"滤镜"→"模糊"→"高斯模糊"命令，"半径"设置为5像素，如图6—19和图6—20所示。按快捷键Ctrl+E将所有图层组合，得到蓝天白云的效果，如图6—21所示。

10．转跳到文件"6-1-1"，复制"背景图层"，得到"背景副本"，选择工具栏中的魔棒工具 选择"图层1"中的天空部分作为选区，按Delete键将其删除，之后将"背景图层"隐藏。效果如图6—22至图6—24所示。

图6-22

图6-25

图6-23

图6-26

图6-24

图6-27

11. 转跳到文件"蓝天白云"，单击鼠标左键，拖动图层到"6-1-1"，得到"图层1"之后将"图层1"拖动到"背景副本"下一层，如图6-25和图6-26所示。

12. 将"图层1"拖到"新建图层"按钮，得到"图层1副本"，将"图层1副本"拖动到"背景副本"上一层。执行"编辑"→"变换"→"旋转180度"命令，如图6-27和图6-28所示。

13. 选择工具栏中的橡皮擦工具，属性设置为，将"图层1副本"遮盖的树林和河滩部分擦除，完成此案例的操作，如图6-29和图6-30所示。

图6—28

图6—30

图6—29

案例小结

云彩滤镜和分层云彩滤镜两者的不同是前者只依据前景和背景色产生图像，而后者除了颜色以外，还参照原有的图像。因此云彩滤镜连续使用十次后的效果和第一次使用后看起来差不多，而分层云彩连续使用的次数越多，图像中的云雾边缘会越发显得锐利。

6.1.2 季节变换

本实例通过使用"通道混合器"调整图层，完成一张数码照片春与秋的更替。

主要制作流程：

◎ 制作时间：4分钟

◎ 知识重点："通道混合器"命令

◎ 学习难度：★

操作步骤

1. 选择"文件"→"打开"菜单命令（快捷键Ctrl+O），打开"光盘／素材文件／ch06/6-2-1.jpg"文件，如图6-31和图6-32所示。

图6-31

图6-32

2. 单击"图层"面板中的"背景"图层，将其拖到"创建新图层"按钮，新建"背景副本"，如图6-33和图6-34所示。

图6-33

图6-34

3. 选择"图像"→"调整"→"通道混合器"菜单命令，在弹出的对话框中设置"红色"为50%，"绿色"为200%，"蓝色"为-50%。本案例操作完成，如图6-35至图6-37所示。

图6-35

图6-36

图6-37

案例小结

通过使用 "通道混合器" 调整图层，两步就能轻松完成照片季节的变换，用同样的方法可以完成照片的晨昏变换。

6.2 风光创意处理

风光的创意处理，顾名思义就是将已有的风景照片经过各种处理以及照片之间的组合，最后加上修饰的部分得到的一张独具创新的照片。在本节中我们将配合Photoshop CS4 各种工具的使用，讲述一些处理风景图片效果的实例。

6.2.1 素描效果制作

作为 Photoshop 的素描效果，就是使用铅笔、钢笔、木炭等工具，通过一些滤镜效果制作出一张数码照片的素描效果。

主要制作流程：

◎ 制作时间：7 分钟

◎ 知识重点：反相 高斯模糊

◎ 学习难度：★★

操作步骤

1. 选择 "文件" → "打开" 菜单命令（快捷键 Ctrl+O），打开 "光盘／素材文件／ch06／6-2-1. jpg" 文件，如图 6-38 所示。

2. 执行 "图像" → "调整" → "去色" 菜单命令，将图像调整为灰度模式，如图 6-39 至 6-41 所示。

图 6-41

图 6-38

3. 单击"图层"面板中的"背景"图层,将其拖到"创建新图层"按钮,新建一个"背景副本",如图 6-42 所示。

图 6-42

图 6-39

4. 选择"背景副本",执行"图像"→"调整"→"色阶"菜单命令,设置色阶值分别为"30、1.00、145",如图 6-43 和图 6-44 所示。

图 6-40

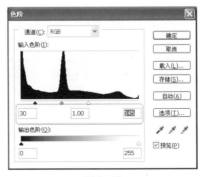

图 6-43

图6-44

图6-47

5. 单击"图层"面板中的"背景副本"图层，将其拖到"创建新图层"按钮，新建"背景副本2"，如图6-45所示。

图6-45

图6-48

6. 选择"背景副本2"，执行"图像"→"调整"→"反相"命令，将新图层变成负片效果，如图6-46和图6-47所示。

图6-46

图6-49

7. 在"图层"面板顶部把"背景副本2"的混合模式改为"颜色减淡"，如图6-48和图6-49所示。

提示：

这一步最大的目的就在于增加图层影像的对比度。

8．先后执行"滤镜"→"风格化"→"扩散"菜单命令（如图6-50和图6-51所示）和"滤镜"→"模糊"→"高斯模糊"菜单命令（如图6-52和图6-53所示），得到的效果如图6-54所示。

图6-53

图6-50

图6-54

图6-51

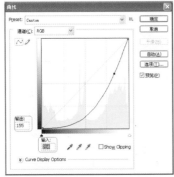

图6-55

图6-52

9．执行"调整"→"亮度和对比度"→"曲线"菜单命令，在弹出的对话框中进行参数设置，如图6-55和图6-56所示。

图6-56

案例小结

使用"曲线"命令可以快速地调整图像的深浅，输入和输出值根据需要可以自由设定。

6.2.2 油画效果制作

Photoshop 的滤镜同样可以将一张普通的数码照片制作成油画的效果。

主要制作流程：

◎ 制作时间：7 分钟

◎ 知识重点：木刻　中间值

◎ 学习难度：★★

操作步骤

1. 选择"文件"→"打开"菜单命令（快捷键 Ctrl+O），打开"光盘／素材文件／ch06／6-2-2.jpg"文件，如图6-57所示。

2. 单击"图层"面板中的"背景"图层，将其拖到"创建新图层"按钮，新建"背景副本"，如图6-58所示。

3. 选择"背景副本"，执行"滤镜"→"艺术效果"→"木刻"菜单命令，在弹出的对话框中设置参数，如图6-59和图6-60所示。

图6-57

图6-58

图 6-59

图 6-60

4. 单击"图层"面板中的"背景副本"图层，将其拖到"创建新图层"按钮，新建"背景副本副本"图层，如图 6-61 所示。执行"图像"→"模式"→"Lab 颜色"菜单命令，如图 6-62 所示。

图 6-61

图 6-62

5. 选择通道中的 b 通道，按快捷键 Ctrl+A，Ctrl+C，之后选择 a 通道，按快捷键 Ctrl+V 粘贴，如图 6-63 所示。

图 6-63

6. 选择"背景副本副本"图层，执行"图像"→"模式"→"RGB 颜色"菜单命令，将其转换成 RGB 格式，执行"滤镜"→"杂色"→"中间值"菜单命令，在弹出的对话框中设置"半径"值为 6 像素，如图 6-64 和图 6-65 所示。

图 6-64

7. 在"图层"面板顶部把"背景副本副本"的混合模式改为"柔光"，"不透明度"设置为 30%。此案例的最终效果如图 6-66 和图 6-67 所示。

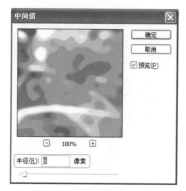

图6-65

图6-66

图6-67

提示：

　　这一步为了感觉颜色有些古典油画的效果，使颜色变得发黄。

案例小结

　　使用"曲线"可以快速地调整图像的深浅，输入和输出值根据需要可以自由设定，在制作木刻效果的时候，其数值可以根据图像的质量来设置。

6.2.3 版画效果制作

同样使用滤镜可以将一张普通的数码照片实现版画的效果。

主要制作流程：

◎　制作时间：9分钟

◎　知识重点：木刻　便条纸

◎　学习难度：★★

操作步骤

1. 选择"文件"→"打开"菜单命令（快捷键 Ctrl+O），打开"光盘／素材文件／ch06／6-2-4.jpg"文件，如图6-68所示。

图 6-68

2. 单击"图层"面板中的"背景"图层，将其拖到"创建新图层"按钮，新建"背景副本"，如图6-69所示。

图 6-69

3. 选择"背景副本"，执行"图像"→"调整"→"色彩平衡"菜单命令，在弹出的对话框中设置色阶值为"6、48、2"，如图6-70和图6-71所示。得到的效果如图6-72所示。

4. 继续选择"背景副本"，执行"图像"→"调整"→"色阶"菜单命令，在弹出的对话框中设置"通道"为RGB，"输入色阶"分别为"16、1.00、225"，"输出色阶"分别为"0、255"，如图6-73和图6-74所示。得到的效果如图6-75所示。

图 6-70

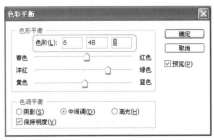

图 6-71

图 6-72

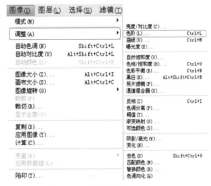

图 6-73

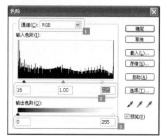

图 6—74

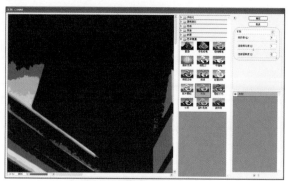

图 6—77

图 6—75

图 6—78

图 6—79

5. 执行"滤镜"→"艺术效果"→"木刻"菜单命令,在弹出的对话框中设置"色阶数"为8,"边简化度"为4,"边逼真度"为3,如图6—76和图6—77所示。得到的效果如图6—78所示。

7. 选中"背景副本"图层,执行"滤镜"→"素描"→"便条纸"命令,在弹出的对话框中设置"图像平衡"为7,"粒度"为7,"凸现"为9,如图6—80和图6—81所示。

图 6—76

图 6—80

6. 选中"背景副本"图层,按快捷键Ctrl+J连续复制"背景副本"图层3次,分别得到"背景副本2"、"背景副本 3"、"背景副本4",排列顺序从上至下依次为"背景副本4"、"背景副本3"、"背景副本2"、"背景副本"、"背景"。将前景色设置为黑色,背景色设置为白色,如图6—79所示。

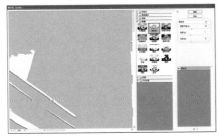

图6-81

8．选中"背景副本2"图层，执行"滤镜"→"素描"→"便条纸"命令，在弹出的对话框中设置"图像平衡"为20，"粒度"为7，"凸现"为9，混合模式为"正片叠底"，"不透明度"设置为100%，如图6-82和图6-83所示。

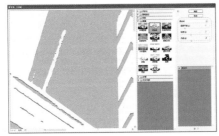

图6-82

图6-83

9．选择"背景副本2"，执行"图像"→"调整"→"曲线"菜单命令，在弹出的对话框中设置"输出"为195，"输入"为220，如图6-84和图6-85所示。得到的效果如图6-86所示。

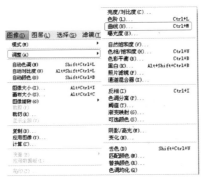

图6-84

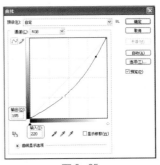

图6-85

图6-86

10．选择"背景副本3"，设置混合模式为"正常"，"不透明度"设置为10%。选择"背景副本4"，将混合模式改为"正片叠底"，"不透明度"设置为10%，如图6-87和图6-88所示。得到的最终效果如图6-89所示。

图6-87

图6-88

图6—89

提示:

　　为了增加一些淡彩的效果,我们可以直接把透明度调低,一方面保证以下黑白图层所做的效果,另一方面又蒙上一层淡淡的色彩。

案例小结

　　滤镜可以使用户以版画的风格绘制图像,素描中的便条纸就可以调整其效果,使其层次丰富。

6.2.4　冬雪效果制作

　　拿到一张风景照片,看久了也许会厌倦,但是如果天气状况有所改变,也许就增添了几分奇妙的效果。本案例就利用Photoshop的简单滤镜为照片制作一番冬雪的效果。

主要制作流程:

◎　制作时间:15分钟

◎　知识重点:减淡模式
　　　　　　　杂色滤镜

◎　学习难度:★★★

操作步骤

1. 选择"文件"→"打开"菜单命令（快捷键Ctrl+O），打开"光盘／素材文件/ch06/冬雪.jpg"文件，如图6-90所示。

图6-90

2. 单击"图层"面板中的"背景"图层，将其拖到"创建新图层"按钮，新建"背景副本"，如图6-91所示。

图6-91

3. 选中"背景副本"层，执行"图像"→"调整"→"曲线"菜单命令（如图6-92所示），或按快捷键Ctrl+M，在弹出的对话框中设置属性，并将图层样式改为"颜色加深"，如图6-93和图6-94所示。

4. 选择"文件"→"打开"菜单命令（快捷键Ctrl+O），打开"光盘／素材文件/ch06/冬雪01.jpg"文件，将其拖到"冬雪"文件，得到"图层1"，如图6-95和图6-96所示。

5. 在"图层"面板中将"图层1"的图层模式更改为"颜色减淡"，不透明度不变，如图6-97和图6-98所示。

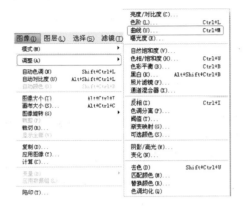

图6-92

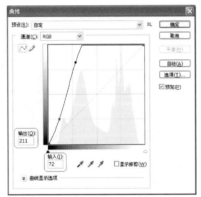

图6-93

图6-94

图6-95

图6-96

图6-97

图6-98

图6-99

图6-100

图6-101

图6-102

6．单击"图层"面板中的"图层1"图层，将
其拖到"创建新图层"按钮，新建"图层1副本"，
将混合模式改为"强光"，如图6-99至图6-101
所示。

7．选择"文件"→"打开"菜单命令（快捷键
Ctrl+O），打开"光盘／素材文件／ch06／素材.psd"
文件，将两个图层拖到"冬雪"文件中，得到新的
3个图层，如图6-102至图6-104所示。

8．单击"图层"面板中的"创建新图层"按
钮，新建"图层2"，重命名为"雪花"层，选择"滤
镜"→"杂色"→"添加杂色"菜单命令，在弹出
的对话框中设置"数量"为320%，选中"单色"复
选框，如图6-105和图6-106所示。

图6-103

图6-104

图6-105

图6-106

9．选择"滤镜"→"杂色"→"中间值"菜单命令，在弹出的对话框中设置"半径"值为3像素，如图6-107和图6-108所示。

图6-107

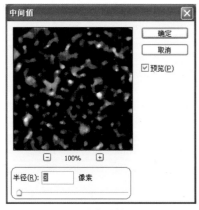

图6-108

10．选择"滤镜"→"模糊"→"高斯模糊"菜单命令，在弹出的对话框中设置"半径"值为5像素，如图6-109和图6-110所示。

图6-109

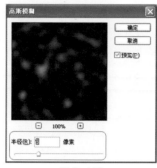

图 6-110

11．执行"图像"→"调整"→"亮度／对比度"菜单命令，在弹出的对话框中设置"亮度"为−20，"对比度"为+100，如图6-111至图6-113所示。

图 6-111

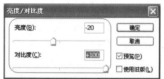

图 6-112

图 6-113

12．保持原图层不变，选择"滤镜"→"模糊"→"动感模糊"菜单命令，在弹出的对话框中设置"角度"为85度，"距离"为10像素，将混合模式设置为"变亮"，完成此案例的操作，如图6-114至图6-116所示。

图 6-114

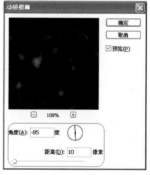

图 6-115

图 6-116

案例小结

在制作雪花效果的时候，对参数的设置非常重要。添加杂色的数值越大，雪花数量越多，高斯模糊值越小，雪花也越小、越密。用同样的方法也可以制作雨的效果，只要把"滤镜"的动感模糊调大一些即可。

第 1 章 儿童照片合成

7.1　儿童照片合成案例（一）

　　合成顾名思义就是将两幅或几幅效果单一、表现能力有限的图像经过 Photoshop CS4 的强大功能的处理，巧妙地拼合成一幅构思巧妙的新作品。

　　本节案例效果对比图：

案例解析

　　天真可爱的宝宝，在镜头的捕捉下留下了无数令人难忘的记忆。为了更加具有珍藏价值，本案例我们将通过 Photoshop 的强大功能把儿童照片合成。

◎　制作时间：10 分钟

◎　知识重点：魔棒工具　图层顺序

◎　学习难度：★★

操作步骤

1. 选择"文件"→"打开"菜单命令（快捷键
Ctrl+O），打开"光盘／素材文件／ch07／"下的7-
1-1.jpg 和 7-1-2.jpg 文件，打开的照片分别如图
7-1 和图 7-2 所示。

图 7-1

图 7-2

提示：

打开已有素材文件时，可直接在 Photoshop
界面的空白处双击鼠标左键，快速打开"打开
文件"对话框。

2. 选择"文件"→"新建"菜单命令（快捷键
Ctrl+N），在弹出的对话框中设置文件"名称"为
7-1-1，"宽度"为 21 厘米，"高度"为 29.7 厘米，
"分辨率"为 300 像素／英寸，"颜色模式"和"背
景内容"分别为 RGB 和"白色"，如图 7-3 所示。

图 7-3

提示：

文件名称可根据个人的习惯和要求自行设置。
设置文件大小的默认单位一般为"像素"，
也可更改为 cm、mm 等。

3. 选择"图层"面板下的"创建新图层"按
钮，新建一个"图层1"，设置前景色，色值为"C15、
M75、Y0、K0"，选择油漆桶工具 单击图层，为图
层填充颜色。继续选择椭圆选框工具 ，按住 Shift
键，拖动鼠标左键，勾选一个圆形的选区，按 Delete
键删除选区部分，如图 7-4 至图 7-6 所示。

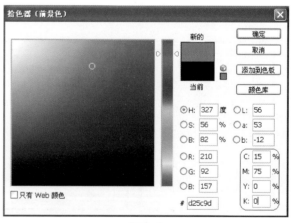

图 7-4

4. 选择"编辑"→"描边"菜单命令，在弹出
的"描边"对话框中设置"宽度"为 10px，"颜色"
为白色，"位置"选择"居外"，如图 7-7 和图 7-8
所示。

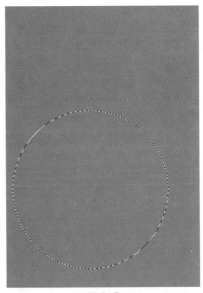

图 7-5

图 7-7

图 7-6

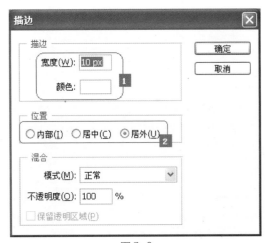

图 7-8

5．切换到文件7-1-1.jpg，选择"图像"→"调整"→"曲线"菜单命令，在弹出的"曲线"对话框中设置"输出"为44，"输入"为34，如图7-9和图7-10所示。

6．单击"图层"面板中的"创建新图层"按钮，新建一个图层"图层2"，按同样的方法绘制另外一个圆形，填充白色，并在"图层"面板的上方将不透明度设置为22%。选择"选择"→"取消选择"菜单命令取消选区，如图7-11和图7-12所示。

图 7-9

107

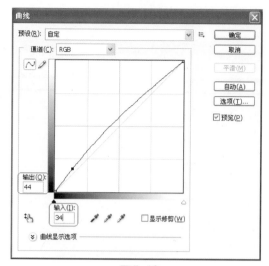

图 7-10

7. 将第6步调整好的素材照片拖动到新建的文件中，得到"图层3"，在"图层"面板上拖动其位置，调整顺序到下一层，如图7-13至图7-15所示。

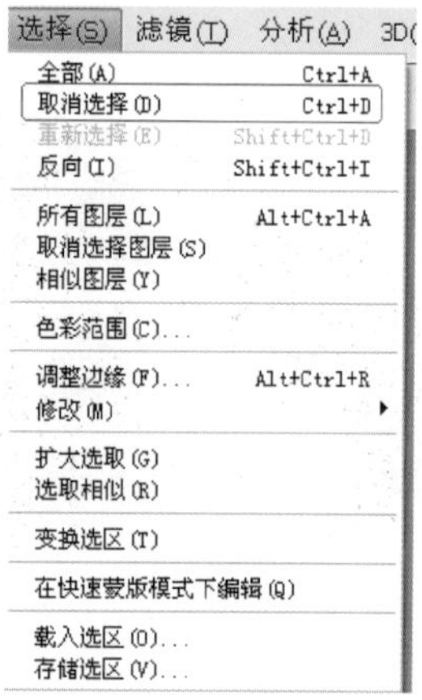

图 7-13

图 7-11

图 7-14

图 7-15

图 7-12

8. 继续选择"图层1",然后选择椭圆选择工具 ，按住 Shift 键在页面上绘制一个小的圆形选区，之后按 Delete 键删除选区部分，如图 7-16 和图 7-17 所示。

图 7-16

图 7-17

9. 按同样的方法将另一张照片拖动到该文件中，得到"图层4"，将"图层4"拖动到"图层1"下边，如图 7-18 和图 7-19 所示。

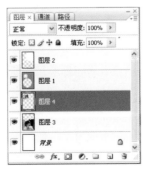

图 7-18

图 7-19

使用技巧：

调整图层顺序的时候，可以按快捷键Ctrl+[和 Ctrl+]来调整图层顺序。调到最底层的快捷键为 Ctrl+Alt+[，调到最上面一层的快捷键为 Ctrl+Alt+]。

10. 将文件切换到 7-1-1.jpg，选择"路径"→"创建新路径"命令，新建"路径1"，然后选择工具栏中的钢笔工具 勾出女孩的轮廓，按住 Ctrl键的同时单击"路径1"，将路径转换为选区，如图7-20 和图 7-21 所示。

图 7-20

11. 将文件切换到 7-1-1.psd，按住鼠标左键将上一步的选区拖到该文件得到"图层5"，如图7-22 至图 7-24 所示。

图 7-21

图 7-22

图 7-23

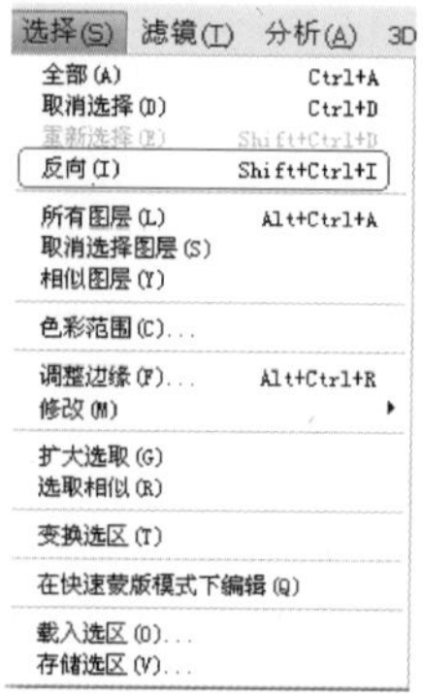

图 7-25

图 7-26

图 7-27

12. 选择工具栏中的魔棒工具，单击"图层2"之后选择"图层"面板中的"图层5"，选择"选择"→"反向"菜单命令，或按快捷键 Shift+Ctrl+I 反选，然后按 Delete 键删除多余部分，选择"选择"→"取消选择"菜单命令取消选区，如图 7-25 至图 7-27 所示。

13. 单击"图层"面板中的"创建新图层"按钮，新建一个图层"图层6"，选择椭圆选框工具，按住 Shift 键，拖动鼠标左键，勾选多个圆形的选区，单击 D 键将前景色设置为默认的黑白模式，按快捷键 Alt+Delete 填充白色，选择"选择"→"取消选择"菜单命令取消选区，如图 7-28 至图 7-30 所示。

图 7—28

图 7—29

图 7—30

14．选择"滤镜"→"模糊"→"高斯模糊"
菜单命令，在弹出的"高斯模糊"对话框中选择"半
径"为 40 像素，如图 7—31 至图 7—33 所示。

图 7—32

图 7—33

使用技巧：

如果效果达不到，则可以选中要复制的图
层，同时按住 Alt 键拖动鼠标就可以复制图层。

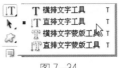

图 7—34

图 7—35

15．选择工具栏中文字工具中的直排文字工
具，输入"baby shower"，设置文字颜色为白色，得
到本案例的最终效果，如图 7—34 至图 7—36 所示。

图 7—36

案例小结

本实例重点学习了魔棒工具与图层顺序相结合的实际应用。

使用魔棒工具可以快速选择颜色一致的区域，而不必跟踪其轮廓。在使用该工具时，先在其属性栏中设置好容差值，容差设置得越小，其选取的色彩范围越小；反之则越大。使用移动工具可以移动选区或图层到其他位置或文件。

7.2 儿童照片合成案例（二）

本案例利用 Photoshop 的通道以及路径的结合，为照片制作简洁、明快的简便相框。

本节案例效果对比图：

案例解析

本案例色彩鲜明，体现儿童创意组合的元素，在与绿色主题结合的同时，选择用粉色心形来装饰边框，使最终效果愉悦明快。

主要制作流程：

◎ 制作时间：15 分钟

◎ 知识重点："高斯模糊"滤镜
　　　　　　"通道"命令

◎ 学习难度：★★★

操作步骤

1. 选择"文件"→"新建"菜单命令（快捷键 Ctrl+N），在弹出的对话框中设置文件"名称"为7-3-1，"宽度"为20厘米、"高度"为20厘米、"分辨率"为300像素／英寸，"颜色模式"和"背景内容"分别为RGB和"白色"，如图7-37和图7-38所示。

图 7-37

图 7-38

2. 选择"图层"面板下的"创建新图层"按钮，新建一个"图层1"，单击D键设置默认前景色，单击快捷键Ctrl+Delete，填充白色，如图7-39所示。

图 7-39

3. 选择"图层1"，单击"图层"面板下方的"添加图层样式"按钮，在弹出的对话框中选择"渐变叠加"命令。接着在弹出的"图层样式"对话框中，单击"渐变"色条，在弹出的"渐变编辑器"对话框中设置"渐变类型"为"杂色"、"粗糙度"为100%，选中"限制颜色"和"增加透明度"复选框，如图7-40至图7-42所示。

图 7-40

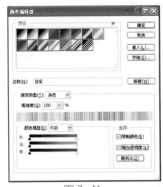

图 7-41

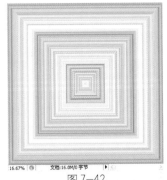

图 7-42

4. 选择工具栏中的矩形选框工具，按住Shift键在渐变框中间绘制一个正方形选框，按Delete键删除选区内的渐变部分，留下相框部分作为照片的相框，然后按快捷键Ctrl+D取消选区，如图7-43和图7-44所示。

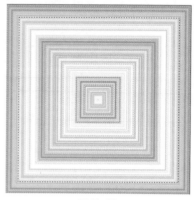

图 7—43

图 7—46

图 7—44

图 7—47

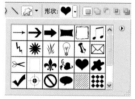

图 7—48

5．单击"图层"面板中的"创建新图层"按钮，新建一个图层"图层 2"，然后按住 Shift 键的同时点击"图层 1"，同时选中两个图层，按住快捷键 Ctrl+E 合并为"图层 2"，以便下边的操作，如图 7—45 和图 7—46 所示。

图 7—45

图 7—49

6．选择工具栏中的自定形状工具，在其属性栏中单击"路径"按钮，并选择样式为"红桃"形状，然后按住 Shift 键在相框上绘制大小不一的桃形，如图 7—47 至图 7—50 所示。

7．绘制好心形图案的路径后，按快捷键 Ctrl+Enter 将路径转换为选区，打开"通道"面板，单击面板下方的"将选区存储为通道"按钮，生成 Alpha 1 通道，如图 7—51 所示。

图 7-50

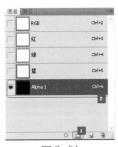

图 7-51

8. 选择 Alpha 1 通道，选择"滤镜"→"模糊"→"高斯模糊"菜单命令，在弹出的对话框中设置"半径"为 10 像素，如图 7-52 至图 7-54 所示。

图 7-52

图 7-53

图 7-54

9. 返回"图层"面板，选中"图层 2"，选择"选择"→"羽化"菜单命令（快捷键 Ctrl+Alt+D），在弹出的对话框中设置"羽化半径"为 5 像素，如图 7-55 所示。

图 7-55

10. 按快捷键 Ctrl+J，通过选区拷贝生成"图层 3"，设置前景颜色为"C14、M54、Y0、K0"，如图 7-56 所示。

图 7-56

11. 选择"图层 3"，单击"图层"面板下方的"添加图层样式"按钮，在弹出的对话框中选择"投影"命令。接着在弹出的"图层样式"对话框中，设置其属性，继续选择颜色，在弹出的颜色对话框中设置颜色为"C41、M73、Y0、K0"，如图 7-57 至图 7-59 所示。

12. 选择"文件"→"打开"菜单命令（快捷键 Ctrl+O），打开"光盘／素材文件／ch07/7-3-1-1.jpg"文件，如图 7-60 和图 7-61 所示。

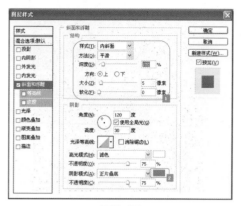

图 7-57

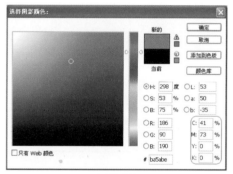

图 7-58

图 7-59

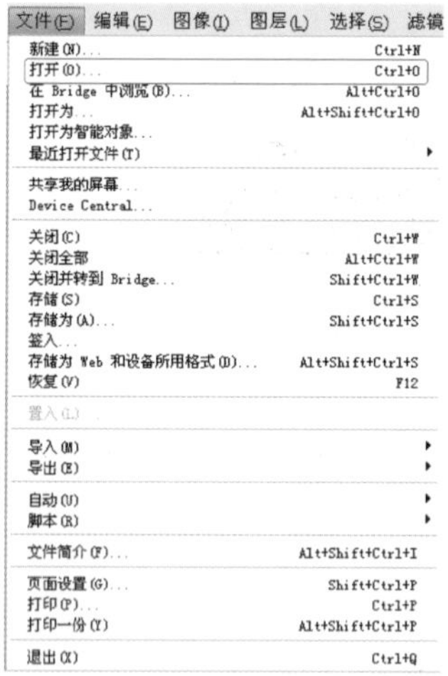

图 7-61

图 7-62

图 7-60

图 7-63

13. 选择工具栏中的移动工具，单击素材照片并将其拖动到所制作的相框中间，得到"图层4"，将其放在"背景"层上方，如图 7-62 和图 7-63 所示。

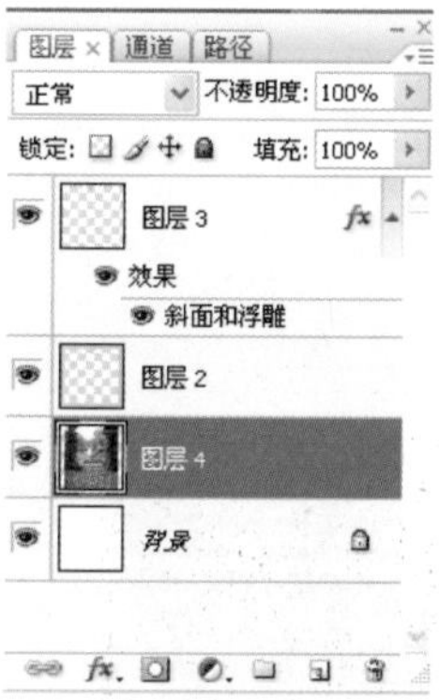

14. 选择"文件"→"打开"菜单命令（快捷键 Ctrl+O），打开"光盘／素材文件／ch07/7-3-1-1.jpg"文件，如图 7-64 和图 7-65 所示。

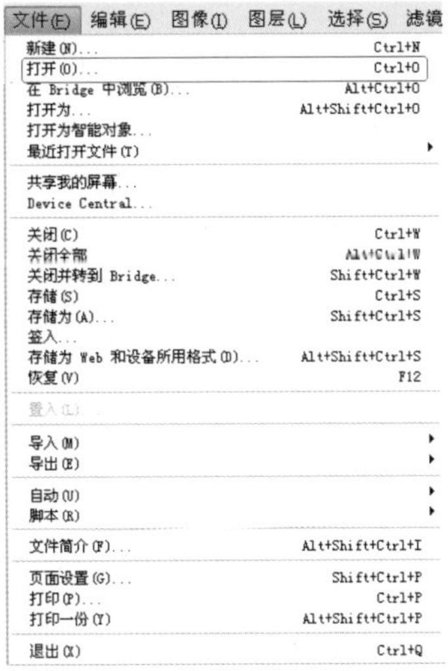

图 7-64

图 7-66

图 7-67

图 7-65

使用技巧：

反向选择的快捷键为 Shift+Ctrl+I，通常在提取图像时经常用到该命令。

使用技巧：

可以按快捷键Ctrl+[和Ctrl+]来调整图层顺序。调到最底层的快捷键为 Ctrl+Alt+[，调到最上面一层的快捷键为 Ctrl+Alt+]。

17．将文件切换到7-2.psd，按住鼠标左键将上一步的选区拖到该文件得到"图层5"，如图7-68和图7-69所示。

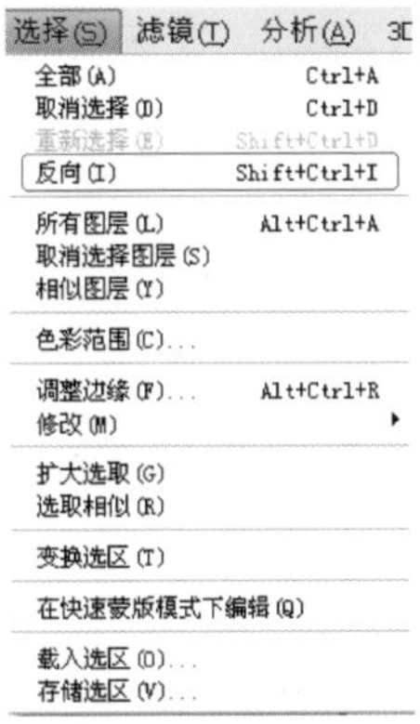

15．将文件切换到7-2-1.jpg，选择工具栏中的魔棒工具，单击"背景"层，得到一个选区，然后选择"选择"→"反向"菜单命令，得到人物的选区，如图7-66所示。

16．执行菜单栏中"选择"→"反向"命令，如图7-67所示。

图 7-68

图 7-69

案例小结

本实例的重点是学习通道的使用方法，通道的作用是创造精准的选区。这样避免发现所绘制的图像不准的情况。

7.3　儿童照片合成案例（三）

本案例主要讲述 Photoshop 的文字功能，介绍把一张儿童照片制作成杂志封面的过程。
本节案例效果对比图：

案例解析

把自己宝宝的照片做成一本儿童类杂志的封面，不仅使其内容丰富，而且更加赋予收藏的价值。

主要制作流程：

◎ 制作时间：10分钟

◎ 知识重点："曲线"命令　画笔
　　　　工具　文字工具

◎ 学习难度：★★

操作步骤

1. 选择"文件"→"打开"菜单命令（快捷键 Ctrl+O），打开"光盘/素材文件/ch07/7-3-1-1. jpg"文件，打开的素材图片如图7-70所示。

2. 执行"图像"→"调整"→"曲线"菜单命令，在弹出的"曲线"对话框中设置"输出"为207，"输入"为168，如图7-71和图7-72所示。

图7-70

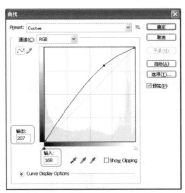

图7-71

图 7-72

3. 执行"图像"→"画布大小"菜单命令，在弹出的"画布大小"对话框中设置"宽度"为21.6厘米、"高度"为29.1厘米，如图7-73至图7-75所示。

图 7-73

图 7-74

图 7-75

提示：

正度八开的尺寸为21-28.5厘米，为了以后便于印刷，两边各加0.3厘米的出血，也就是21.6-29.1厘米。

在使用画布大小命令的时候，可以右键单击文件上的对话框，然后选择"画布大小"命令进行调整。

4. 选择工具栏中的文字工具 T，输入"甜心宝贝"作为杂志名称，设置文字字体为"汉仪黑咪体简"，文字大小为"72点"，字体颜色为"C13、M96、Y16、K0"，如图7-76至图7-78所示。

图 7-76

图 7-77

图 7-78

5．选择"图层"→"图层样式"命令，在弹出的"图层样式"对话框中，选择样式为"描边"，"大小"为30像素，"位置"为"外部"，"混合模式"为"正常"，"不透明度"为100%，"填充类型"为"颜色"，颜色为"C7、M3、Y86、K0"，如图7-79至图7-81所示。

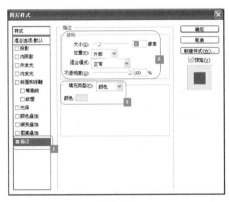

图7-79

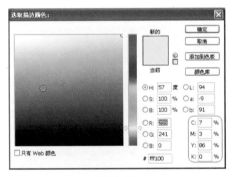

图7-80

图7-81

6．单击"图层"面板中的"创建新图层"按钮，新建一个图层"图层2"，选择工具栏中的画笔工具，设置画笔属性大小为230pt，颜色为"C0、M100、Y100、K0"，如图7-82至图7-85所示。

图7-82

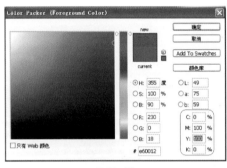

图7-83

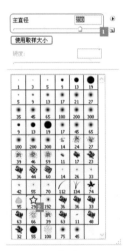

图7-84

图7-85

7．继续选择工具栏中的画笔工具，设置画笔属性大小为130pt，颜色为"C0、M100、Y100、K0"，如图7-86所示。

图 7-86

8．单击"路径"面板中的"创建新路径"按
钮，新建一个路径，选择工具栏中的钢笔工具，在
上一步绘制好的图案下方绘制一个半圆的路径，如
图 7-87 至图 7-89 所示。

图 7-87

图 7-88

图 7-89

9．选择工具栏中的文字工具，将光标放在
半源路径的起点位置，输入"受读者欢迎读物。"，
设置文字字体为"汉仪立黑简"，文字大小为"11
点"，字体颜色为"C0、M100、Y100、K0"，如图
7-90 至图 7-92 所示。

图 7-90

图 7-91

图 7-92

10．选择工具栏中的文字工具继续输入标
题文字，字体颜色和字体大小可根据个人的喜好设
置，得到一个新的文字图层，如图 7-93 和图 7-94
所示。

图 7-93

图 7-94

图 7-97

11. 将上一步得到的文字图层拖动到"图层"面板中的"创建新图层"按钮，得到一个副本图层，将字体颜色设置为白色，之后放在上一个图层的下面，如图 7-95 至图 7-97 所示。

图 7-95

图 7-98

图 7-96

图 7-99

12. 选择"文件"→"打开"菜单命令（快捷键 Ctrl+O），打开"光盘／素材文件／ch07／条形码.jpg"文件，将改文件拖动到 7-3-1.psd 文件中，适当调整大小及其位置完成此案例的操作，如图 7-98 和图 7-99 所示。

案例小结

　　本实例的重点是学习文字的使用方法，可以通过"字符"面板以及"图层样式"来对文字进行多种效果的处理。

第 **8** 章　风景照片合成

8.1　风景照片合成案例（一）

　　图层样式是应用于一个图层或图层组的一种或多种效果。可以应用 Photoshop 附带提供的某一种预设样式，或者使用"图层样式"对话框来创建自定样式。图层效果图标将出现在"图层"面板中的图层名称的右侧。可以在"图层"面板中展开样式，以便查看或编辑合成样式的效果。

　　本节案例效果对比图：

案例解析

本例利用 Photoshop 的混合选项设置以及滤镜效果来合成风景照片。

主要制作流程：

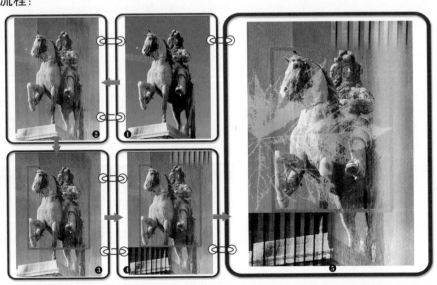

◎ 制作时间：12分钟

◎ 知识重点：图层混合模式　"铜板雕刻"滤镜

◎ 学习难度：★★★

操作步骤

1. 选择"文件"→"打开"菜单命令（快捷键 Ctrl+O），打开"光盘／素材文件/ch08/8-1-1. jpg"文件，如图8-1所示。

图 8-1

提示：

打开已有素材文件时，可直接在Photoshop 界面的空白处双击鼠标左键，快速打开"打开文件"对话框。

2. 选择"文件"→"打开"菜单命令（快捷键 Ctrl+O），打开"光盘／素材文件/ch08/8-1-2. jpg"文件，如图8-2所示。

图 8-2

3. 将上一步的图像拖动到第一步的文件中，得到一个"图层1"，接着双击"图层1"，在弹出的"图层样式"对话框中设置"混合模式"为"叠加"，"不透明度"为100%，如图8-3和图8-4所示。

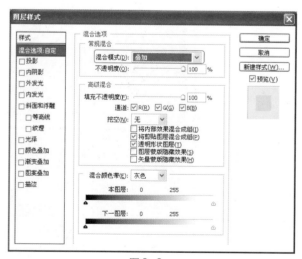

图 8-3

图 8-4

4．打开"图层"面板，单击"图层"面板下的
"创建新图层"按钮，得到"图层 2"，选择工具栏
中的矩形选框工具 ，在图像中勾画一个矩形选
框，如图 8-5 和图 8-6 所示。

图 8-5

图 8-6

5．选择"编辑"→"描边"菜单命令，在弹出
的"描边"对话框中设置"宽度"为 60px，"颜色"
为"C0、M0、Y0、K100"，如图 8-7 至图 8-9 所示。

图 8-7

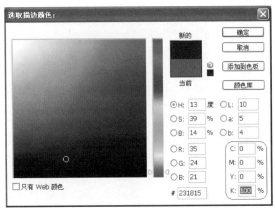

图 8-8

图 8-9

6. 选择"选择"→"取消选择"菜单命令，或者按快捷键Ctrl+D取消选区，如图8-10和图8-11所示。

图8-10

图8-11

7. 选择"滤镜"→"像素化"→"铜板雕刻"菜单命令，在弹出的"铜板雕刻"对话框中选择"类型"为"精细点"，如图8-12至图8-14所示。

8. 选择"图像"→"调整"→"色阶"菜单命令，在弹出的对话框中选择"输入色阶"值为"0、1.20、255"，"输出色阶"值为"50、255"，如图8-15至图8-17所示。

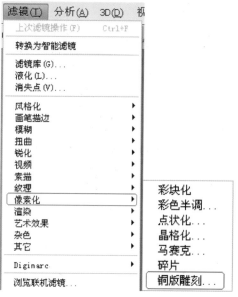

图8-12

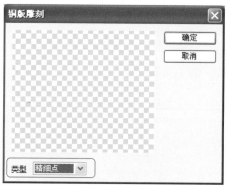

图8-13

图8-14

图8-15

图8-16

图8-17

图8-18

图8-19

图8-20

图8-21

9. 选择"文件"→"打开"菜单命令（快捷键
Ctrl+O），打开"光盘／素材文件/ch08/8-1-3.jpg"
文件，将素材图片拖动到文件中，得到一个"图层
3"，在"图层"面板下方单击"添加矢量模板"按
钮。设置前景色为黑，选择渐变工具，在图层上
从左到右拖动鼠标左键，添加渐变模版，如图8-18
和图8-19所示。选择"图层"面板上方的图层混
合模式为"颜色加深"，"不透明度"设置为100%，
如图8-20和图8-21所示。

10．将上一步的图像按住 Alt 键拖动复制，得到一个"图层3副本"，接着单击"添加矢量模板"按钮，设置前景色为白色，选择渐变工具，在图层上从上到下拖动鼠标左键，添加渐变模版，如图8-22 至图8-24 所示。

图8-22

图8-23

图8-24

11．打开"图层"面板，单击"图层"面板下的"创建新图层"按钮，得到"图层4"，然后选择工具栏中的画笔工具，设置其属性中的"直径"为950px，"硬度"为0%，"间距"为25%，如图8-25 和图8-26 所示。

图8-25

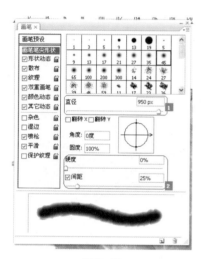

图8-26

12．双击"图层4"，在弹出的"图层样式"对话框中设置"混合模式"为"浅色"，"不透明度"为52%，如图8-27 至图8-29 所示。

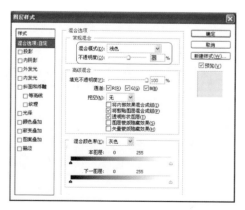

图8-27

图 8-28

图 8-29

13. 选择"文件"→"打开"菜单命令（快捷键 Ctrl+O），打开"光盘/素材文件/ch08/素材"文件，如图 8-30 所示。

图 8-30

14. 选择"图像"→"图像旋转"→"90 度（顺时针）"菜单命令，将素材图片旋转，双击"背景"层得到"图层 0"，如图 8-31 和图 8-32 所示。

图 8-31

图 8-32

15. 选择工具栏中的魔棒工具，单击"图层 0"上的白色部分，得到一个选区，接着按 Delete 键删除，如图 8-33 所示。

图 8-33

16.选择"图层"→"新建调整图层"→"阈值"菜单命令，在弹出的对话框中保持默认设置，如图8-34至图8-36所示。

17.将调整设计好的素材图片拖动到文件中，得到"图层5"。双击"图层5"，在弹出的对话框中选择图层的"混合模式"为"颜色减淡"，"不透明度"设置为40％，如图8-37至图8-39所示，完成此案例的操作。

图8-34

图8-35

图8-36

图8-37

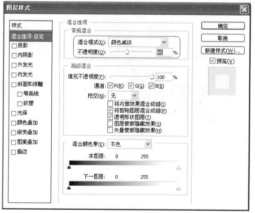

图8-38

提示：

要将调整图层的效果限制在一组图层内，可以创建由这些图层组成的剪贴蒙版，并可以将调整图层放到此剪贴蒙版内，或放到它的基底上，所产生的调整将被限制在该组中的图层内。

图8-39

案例小结

　　本实例的重点是学习通过使用滤镜来清除和修饰照片，应用能够为图像提供素描或印象派绘画外观的特殊艺术效果。调整图层和填充图层具有与图像图层相同的不透明度和混合模式选项。默认情况下，调整图层和填充图层有图层蒙版，由图层缩览图左边的蒙版图标表示，以起到保护的作用。要创建没有图层蒙版的调整图层，可以在图层蒙版选项对话框中更改此选项（从"图层"面板菜单中选取"面板选项"）。

8.2　风景照片合成案例（二）

　　在图层的混合样式中，如果对图层应用投影效果之后在原来的基础上显示投影效果，在应用图层样式的时候必须保证图层至少要有两个。

　　本节案例效果对比图：

案例解析

　　本例利用 Photoshop 的混合选项设置来合成风景照片，把几张不同的数码照片利用不同的效果组合，得到一个新的风景照，并赋予神秘的色彩感觉。

　　主要制作流程：

◎ 制作时间：12 分钟

◎ 知识重点：图层混合模式　图层顺序　文字工具

◎ 学习难度：★★

操作步骤

1. 选择"文件"→"打开"菜单命令（快捷键 Ctrl+O），打开"光盘／素材文件／ch08／"下的 8-2-1.jpg 和 8-2-2.jpg 文件，打开的照片如图 8-40 和图 8-41 所示。

图 8-40

提示：

打开已有素材文件时，可直接在 Photoshop 界面的空白处双击鼠标左键，快速打开"打开文件"对话框。也可以将文件直接拖动到 Photoshop 图标中。

图 8-41

2. 选择"文件"→"新建"菜单命令（快捷键 Ctrl+N），在弹出的对话框中设置文件"名称"为 8-2-1，"宽度"为 29.6 厘米，"高度"为 21 厘米，"分辨率"为 350 像素／英寸，"颜色模式"和"背景内容"分别为 RGB 和"白色"，如图 8-42 和图 8-43 所示。

3. 将上一步的图像拖动到新建的文件中，得到"图层1"，接着单击"添加矢量模板"按钮，设置前景色为白色，选择渐变工具，在图层上从上到下拖动鼠标左键，添加渐变模版，如图 8-44 至图 8-46 所示。

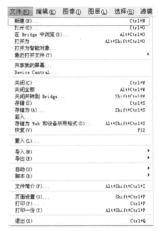

图 8-42

图 8-46

4. 将第三步的另一个图像拖动到新建的文件中，得到"图层2"，接着单击"添加矢量模板"按钮，设置前景色为白色，选择渐变工具，在图层上从下到上拖动鼠标左键，添加渐变模版，如图8-47至图8-49所示。

图 8-43

图 8-47

图 8-44

图 8-48

图 8-45

5. 选择"文件"→"打开"菜单命令（快捷键Ctrl+O），打开"光盘／素材文件/ch08/8-1-1-3.jpg"文件，如图8-50和图8-51所示。

图 8-49

图 8-52

图 8-50

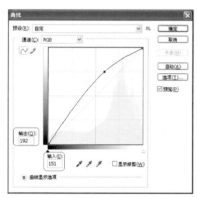

图 8-53

图 8-51

图 8-54

6. 切换到文件8-1-1-3.jpg，选择"图像"→
"调整"→"曲线"菜单命令，弹出"曲线"话框，
设置"输出"为192，"输入"为151，如图8-52至
图8-54所示。

7. 将图像拖动到新建的文件中，得到"图层
3"，双击"图层3"，在弹出的"图层样式"对话框
中选择"混合模式"为"叠加"，并将"不透明度"
改为75%，如图8-55和图8-56所示。

图 8-55

图 8-56

图 8-59

8．选择"文件"→"打开"菜单命令（快捷键 Ctrl+O），打开"光盘／素材文件／ch08／素材"，如图 8-57 和图 8-58 所示。

图 8-57

图 8-60

10．选择工具栏中文字工具中的直排文字工具，输入"seeking"，设置文字颜色为白色，如图 8-61 至图 8-63 所示。

图 8-61

9．将图像拖动到新建的文件中，得到"图层 3"，双击"图层 3"，在弹出的"图层样式"对话框中选择"混合模式"为"叠加"，并将"不透明度"改为 70％，如图 8-59 和图 8-60 所示。

图 8-62

图 8-63

案例小结

　　在对多个图层的文件进行编辑时，可以选择一个或多个图层以便在上面操作。对于某些活动（如绘画以及调整颜色和色调），一次只能在一个图层上操作。对于其他操作（如移动、对齐、变换或应用"样式"面板中的样式），可以一次选择并处理多个图层。不仅可以在"图层"面板中选择图层，也可以使用移动工具选择图层。

提示：

　　调整文字大小时，可以在"文字"面板中调整文字字号，也可以选择工具栏中的"选择工具"，或者按快捷键 Ctrl+T。

8.3　风景照片合成案例（三）

　　混合模式可以设置不同的选项，得到的效果也是不同的。
本节案例效果对比图：

案例解析

　　优美的田园风景，加入人物图像，再运用 Photoshop 中的工具制作出在水中的倒影，使画面看上去真实、生动。加上其余宠物以及雨伞更富有生活气息。

主要制作流程：

◎ 制作时间：18 分钟

◎ 知识重点："水波"滤镜 "高斯模糊"滤镜 磁性套索工具

◎ 学习难度：★★★

操作步骤

1. 选择"文件"→"打开"菜单命令（快捷键 Ctrl+O），打开"光盘／素材文件/ch08/8-3-1.jpg"文件，如图8-64所示。

2. 选择"图像"→"自动色调"和"图像"→"自动对比度"菜单命令，如图8-65和图8-66所示。

图8-64

图像(I)	图层(L)	选择(S)	滤镜(T

模式(M)	▶
调整(A)	▶
自动色调(N)	Shift+Ctrl+L
自动对比度(U)	Alt+Shift+Ctrl+L
自动颜色(O)	Shift+Ctrl+B
图像大小(I)...	Alt+Ctrl+I
画布大小(S)...	Alt+Ctrl+C
图像旋转(G)	▶
裁剪(P)	
裁切(R)...	
显示全部(V)	
复制(D)...	
应用图像(Y)...	
计算(C)...	
变量(B)	▶
应用数据组(L)...	
陷印(T)...	

图8-65

提示：

打开已有素材文件时，可直接在Photoshop界面的空白处双击鼠标左键，快速打开"打开文件"对话框。

图像(I) 图层(L) 选择(S) 滤镜(T)

模式(M)	▶
调整(A)	▶
自动色调(N)	Shift+Ctrl+L
自动对比度(U)	Alt+Shift+Ctrl+L
自动颜色(O)	Shift+Ctrl+B
图像大小(I)...	Alt+Ctrl+I
画布大小(S)...	Alt+Ctrl+C
图像旋转(G)	▶
裁剪(P)	
裁切(R)...	
显示全部(V)	
复制(D)...	
应用图像(Y)...	
计算(C)...	
变量(B)	▶
应用数据组(L)	
陷印(T)...	

图 8-66

3. 选择"文件"→"打开"菜单命令（快捷键 Ctrl+O），打开"光盘／素材文件/ch08/8-3-2. jpg"文件，如图 8-67 所示。

图 8-67

4. 将上一步的图像拖动到 8-3.psd 文件中，得到"图层 1"，接着按快捷键 Ctrl+T 调整图像大小，如图 8-68 所示。

图 8-68

5. 选择工具栏中的橡皮擦工具，擦除宠物照片的多于部分，如图 8-69 和图 8-70 所示。

画笔 ✎ ▾   画笔：※   模式：画笔 ▾   不透明度：100% ▾   流量：80% ▾

图 8-69

图 8-70

6. 继续选择"文件"→"打开"菜单命令（快捷键 Ctrl+O），打开"光盘／素材文件/ch08/8-3-3.jpg"文件，如图 8-71 所示。

图 8-71

7. 选择工具栏中的套索工具，选区风景照片的草丛部分，按快捷键 Shift+F6，在弹出的"羽化选区"对话框中设置"羽化半径"为 40 像素，如图 8-72 和图 8-73 所示。

羽化选区

羽化半径(R): 40 像素   确定   取消

图 8-72

图8—73

8．选择工具栏中的移动工具 ![移动工具]，将上一步勾选出来的植物拖动到8－3.psd文件中，生成新的图层"图层2"，然后按快捷键Ctrl+T调整图像大小，并移动到水边位置，如图8—74所示。

图8—74

9．选择"文件"→"打开"菜单命令（快捷键Ctrl+O），打开"光盘／素材文件／ch08/8－3－4.jpg"文件，如图8—75和图8—76所示。

文件(F)	编辑(E)	图像(I)	图层(L)	选择(S)	滤镜
新建(N)...			Ctrl+N		
打开(O)...			Ctrl+O		
在 Bridge 中浏览(B)...			Alt+Ctrl+O		
打开为...			Alt+Shift+Ctrl+O		
打开为智能对象...					
最近打开文件(T)			▶		
共享我的屏幕...					
Device Central...					
关闭(C)			Ctrl+W		
关闭全部			Alt+Ctrl+W		
关闭并转到 Bridge...			Shift+Ctrl+W		
存储(S)			Ctrl+S		
存储为(A)...			Shift+Ctrl+S		
签入...					
存储为 Web 和设备所用格式(D)...			Alt+Shift+Ctrl+S		
恢复(V)			F12		
置入(L)					
导入(M)			▶		
导出(E)			▶		
自动(U)			▶		
脚本(K)			▶		
文件简介(F)...			Alt+Shift+Ctrl+I		
页面设置(G)...			Shift+Ctrl+P		
打印(P)...			Ctrl+P		
打印一份(Y)...			Alt+Shift+Ctrl+P		
退出(X)			Ctrl+Q		

图8—75

图8—76

10．选择工具栏中的移动工具 ![移动工具]，将上一步勾选出来的雨伞选区拖动到8－3.psd文件中，生成新的图层"图层3"，然后按住快捷键Ctrl+T调整图像大小，并移动到水边位置，如图8—77和图8—78所示。

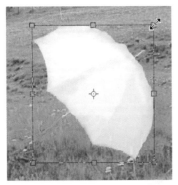

图8—77

图8—78

11．选择工具栏中的文字工具 ![文字工具]，输入sasa，设置文字属性，按快捷键Ctrl+T调整文字角度和文字大小，如图8—79至图8—81所示。

图8—79

图 8-80

图 8-81

12. 单击文字属性栏中的变形按钮，在弹出的
"变形文字"对话框中设置"样式"为"扇形"，如
图 8-82 所示。

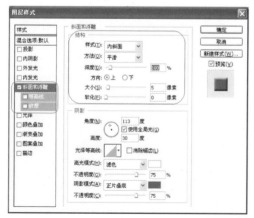

图 8-82

13. 选择"文字层"，执行"图层"→"图层样
式"菜单命令，在弹出的"图层样式"对话框中选
中"斜面和浮雕"复选框，并设置其他参数，如图
8-83 至图 8-85 所示。

图 8-83

图 8-84

图 8-85

14. 选择"文件"→"打开"菜单命令（快捷
键 Ctrl+O），打开"光盘／素材文件/ch08／素材"，
如图 8-86 和图 8-87 所示。

图 8-86

图 8-87

15．选择工具栏中的磁性套索工具，沿着人物的边缘勾画选区，按快捷键Ctrl+Shift+I，将选区反选，再按Delete键删除人物之外的部分，如图8-88所示。

图8-88

16．选择移动工具，将图像拖动到新建的文件中，得到"图层4"，然后按快捷键Ctrl+T调整图像大小，并移动到水岸边，如图8-89所示。

图8-89

17．在"图层"面板中选中"图层4"，然后单击鼠标右键，选择"复制"命令，生成"图层4副本"，作为建立倒影的图层，执行"编辑"→"变换"→"垂直翻转"菜单命令，将图像进行垂直翻转，再将翻转之后的图像移动到合适的位置，如图8-90和图8-91所示。

图8-90

图8-91

18．执行"滤镜"→"扭曲"→"波纹"菜单命令，并进行参数设置，如图8-92至图8-94所示。

图8-92

图8-93

使用技巧：

制作波纹效果是因为水面有细小的波纹，所以倒影图像在水中也会产生一定的扭曲效果。

图 8-94

19．通常情况下，倒影在水中的折射和反射，水中图像没有岸上的清晰，所以要进行模糊处理。执行"滤镜"→"模糊"→"高斯模糊"菜单命令，在弹出的对话框中进行参数设置，如图 8-95 和图 8-96 所示。

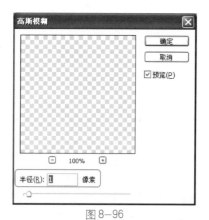

图 8-95

图 8-97

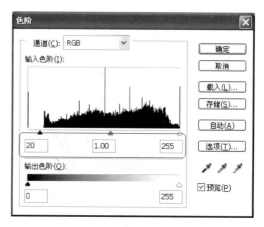

图 8-98

21．选择工具箱中的橡皮擦工具 ，将岸上的部分去掉，只留水里的部分，完成后的最终效果如图 8-99 所示。

图 8-96

20．执行"图像"→"调整"→"色阶"菜单命令，并进行参数设置，如图 8-97 和图 8-98 所示。

图 8-99

案例小结

本案例重点学习了"高斯模糊"滤镜和"水波"滤镜的运用，同时在制作过程中注意图层的先后顺序。

在抠图的时候，对于头发比较复杂的人物图像，我们可以选择通道的方法来抠除人物部分用来编辑制作。

第 **9** 章　婚纱照片合成

9.1　婚纱照片合成案例（一）

　　婚纱照的修饰合成越来越成为现在图像处理技术的主要方面，接下来我们要介绍婚纱照的合成方法。在″图层″面板中单击″新建图层蒙版″按钮　，来创建显示选区的蒙版。

　　按住 Alt 键，并单击″新建图层蒙版″按钮以创建隐藏选区的蒙版。

　　选择″图层″→″图层蒙版″→″显示选区″或″隐藏选区″命令。

　　本节案例效果对比图：

案例解析

　　本节案例选取了两张风格一致的婚纱照作为素材，为了配合其蓝色的照片背景和白色的婚纱，我们选取了相同风格的背景图来作为底图，给人明快愉悦的感觉。

主要制作流程：

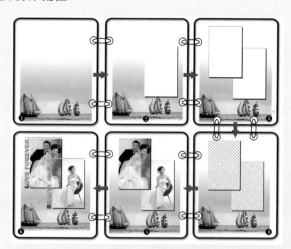

◎　制作时间：12 分钟

◎　知识重点：图层蒙版
　　　　　　　文字工具

◎　学习难度：★★

操作步骤

1. 选择"文件"→"打开"菜单命令（快捷键Ctrl+O），打开"光盘／素材文件/ch09/"目录下的9-1-1.jpg和9-1-2.jpg文件，打开的照片如图9-1和图9-2所示。

图9-1

图9-2

提示：

打开已有素材文件时，可直接在Photoshop界面的空白处双击鼠标左键，快速打开"打开文件"对话框。

2. 选择"文件"→"打开"菜单命令（快捷键Ctrl+O），打开"光盘／素材文件/ch09/9-1-1.psd"文件，如图9-3所示。

图9-3

3. 选择"图层"面板下的"创建新图层"按钮，新建一个"图层1"。然后选择工具栏中的矩形选框工具 ，在图像上单击并拖动鼠标左键，勾选一个矩形的选区，将前景色设置为白色，按快捷键Ctrl+Delete将图像填充白色，如图9-4至图9-6所示。

4. 执行"编辑"→"描边"菜单命令，在弹出的"描边"对话框中设置"宽度"为2px，设置"颜色"为"C0、M0、Y0、K100"，如图9-7至图9-9所示。

5. 按快捷键Ctrl+D取消选区，然后双击"图层"面板中的"图层1"，在弹出的"图层样式"对话框中选中"投影"复选框，"混合模式"为"正常"，"距离"为35像素、"扩展"为0%、"大小"为5像素，如图9-10和图9-11所示。

图9-4

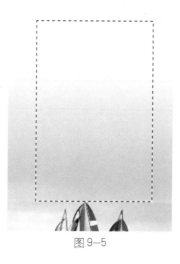

图9-5

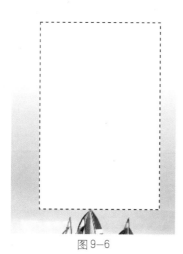

图9-6

图9-7

图9-8

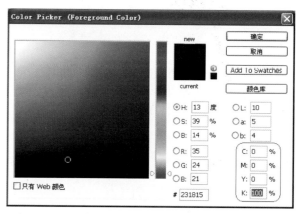

图9-9

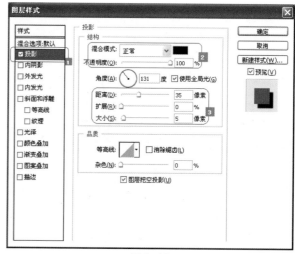

图9-10

　　6. 将"图层1"拖动到"图层"面板下面的"创建新图层"按钮中，得到"图层1副本"，将其调整到画面的适当位置，然后按快捷键Ctrl+E合并所有图层，又得到一个新的图层"图层1"，如图9-12和图9-13所示。

图 9-14

图 9-11

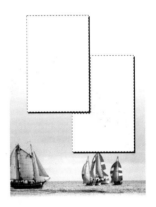

图 9-15

图 9-12

图 9-16

图 9-13

7. 选择工具栏中的魔棒工具 ，选取白色区域部分，单击"图层"面板下的"添加图层蒙版"按钮为图层添加蒙版，如图9-14和图9-15所示。

8. 选择工具栏中的油漆桶工具 ，设置工具栏中的前景色为黑色，单击画面填充黑色，如图9-16和图9-17所示。

图9-17

知识点链接：

在蒙版中，填充黑色为遮盖图像部分，白色则为显示图像部分，利用该性质可制作变换自然逼真的虚幻图像效果。

图9—20

9．将素材的婚纱照拖动到正在制作的文件中，得到一个新的图层为"图层2"。选择"编辑"→"自由变换"菜单命令，或按快捷键Ctrl+T执行自由变换，如图9—18至图9—20所示。

图9—18

图9—21

图9—19

10．按住并拖动鼠标左键将"图层2"调整到适当大小，按Enter键或者双击"图层2"画面中间，之后将其拖动到"图层"面板的最后一层，如图9—21至图9—23所示。

图9—22

11．按着上述方法置入另一张婚纱照，如图9—24至图9—26所示。

图9—23

图9—24

图9—25

图9—26

12．保持所选图层不变，之后选择工具栏中的魔棒工具，将多余部分选区选中，按Delete键将其删除，如图9—27至图9—29所示。

图9—27

图9—28

图9—29

13．选择工具栏中的文字工具，输入"LOVE FOREVER"，设置文字字体为 Arial Black，字号为 56.5 点，字体的颜色为"C39、M17、Y0、K0"，如图9—30 至图9—32 所示。

LOVE FOREVER

图9—30

图9—31

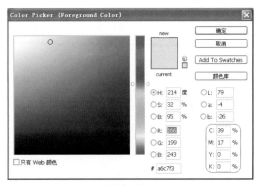

图9—32

14．按同样的方法，输入"BEAUTY ANGLE"，字体字号设置同上。然后选择工具栏中的矩形选框工具，在图像和文字上方勾画两个矩形选框并填充颜色，颜色设置为"C39、M17、Y0、K0"，如图9—33和图9—34所示。

图9—33

图9—34

提示：

制作另一组文字的时候可以直接将上一组文字复制，然后将光标放在文字上输入要输入的文字，所输入的文字样式和原来相同。

案例小结

为了保护图层不被更改，我们可以将图层添加蒙版，图层上的蒙版相当于一个8位灰阶的 Alpha 通道。在蒙版中，黑色表示显示全部蒙住，图层中的图像不显示；白色表示全透明，图层中的图像全部显示；不同程度的灰色可以遮盖不同层次的透明度。

9.2　婚纱照片合成案例（二）

　　户外的婚纱照富有生机，选取大自然为背景，更具有感情的纯真与浪漫，为了给婚纱照赋予更多变化，可以利用Photoshop的各种工具使其在统一中有变化，在变化中又不缺乏统一。

　　本节案例效果对比图：

案例解析

　　每组婚纱都有自己的风格，为了方便快捷地给婚纱照赋予更多的风格，我们可以利用Photoshop的强大功能把几张相同风格的照片进行组合，设计不同的模版，同时赋予浪漫的感觉。该案例属于外景拍摄，洁白的婚纱映衬着青山绿水，给人一种回归自然的感觉。

主要制作流程：

◎　制作时间：12分钟

◎　知识重点：图层样式　橡皮擦工具

◎　学习难度：★★

操作步骤

1. 选择"文件"→"打开"菜单命令（快捷键Ctrl+O），打开"光盘／素材文件/ch09/9-2-1.jpg"文件，如图9-35和图9-36所示。

文件(F)	编辑(E)	图像(I)	图层(L)	选择(S)	滤镜(T)
新建(N)...				Ctrl+N	
打开(O)...				Ctrl+O	
在 Bridge 中浏览(B)...				Alt+Ctrl+O	
打开为...				Alt+Shift+Ctrl+O	
打开为智能对象...					
最近打开文件(T)				▶	
共享我的屏幕...					
Device Central...					
关闭(C)				Ctrl+W	
关闭全部				Alt+Ctrl+W	
关闭并转到 Bridge...				Shift+Ctrl+W	
存储(S)				Ctrl+S	
存储为(A)...				Shift+Ctrl+S	
签入...					
存储为 Web 和设备所用格式(D)...				Alt+Shift+Ctrl+S	
恢复(V)				F12	
置入(L)...					
导入(M)				▶	
导出(E)				▶	
自动(U)				▶	
脚本(R)				▶	
文件简介(F)...				Alt+Shift+Ctrl+I	
页面设置(G)...				Shift+Ctrl+P	
打印(P)...				Ctrl+P	
打印一份(Y)				Alt+Shift+Ctrl+P	
退出(X)				Ctrl+Q	

图9-35

图9-36

2. 先后执行"图像"→"自动色调"、"图像"→"自动对比度"、"图像"→"自动颜色"菜单命令，如图9-37至图9-40所示。

图像(I)	图层(L)	选择(S)	滤镜(T)
模式(M)			▶
调整(A)			▶
自动色调(N)		Shift+Ctrl+L	
自动对比度(U)		Alt+Shift+Ctrl+L	
自动颜色(O)		Shift+Ctrl+B	
图像大小(I)...		Alt+Ctrl+I	
画布大小(S)...		Alt+Ctrl+C	
图像旋转(G)			▶
裁剪(P)			
裁切(R)...			
显示全部(V)			
复制(D)			
应用图像(Y)...			
计算(C)...			
变量(B)			▶
应用数据组(L)...			
陷印(T)...			

图9-37

图像(I)	图层(L)	选择(S)	滤镜(T)
模式(M)			▶
调整(A)			▶
自动色调(N)		Shift+Ctrl+L	
自动对比度(U)		Alt+Shift+Ctrl+L	
自动颜色(O)		Shift+Ctrl+B	
图像大小(I)...		Alt+Ctrl+I	
画布大小(S)...		Alt+Ctrl+C	
图像旋转(G)			▶
裁剪(P)			
裁切(R)...			
显示全部(V)			
复制(D)			
应用图像(Y)...			
计算(C)...			
变量(B)			▶
应用数据组(L)...			
陷印(T)...			

图9-38

图像(I)	图层(L)	选择(S)	滤镜(T)
模式(M)			▶
调整(A)			▶
自动色调(N)		Shift+Ctrl+L	
自动对比度(U)		Alt+Shift+Ctrl+L	
自动颜色(O)		Shift+Ctrl+B	
图像大小(I)...		Alt+Ctrl+I	
画布大小(S)...		Alt+Ctrl+C	
图像旋转(G)			▶
裁剪(P)			
裁切(R)...			
显示全部(V)			
复制(D)			
应用图像(Y)...			
计算(C)...			
变量(B)			▶
应用数据组(L)...			
陷印(T)...			

图9-39

图 9-40

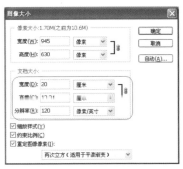

图 9-42

使用技巧：

　　如果图像的颜色偏差不是很大，我们可以自动调整图像的各种属性，使工作效率提高。

　　3. 选择"文件"→"打开"菜单命令（快捷键 Ctrl+O），打开"光盘／素材文件／ch09/9-2-1. jpg"文件，如图 9-41 所示。

图 9-41

　　4. 执行"图像"→"图像大小"菜单命令，设置"宽度"为 20 厘米，"高度"为 13.34 厘米，"分辨率"为 120 像素／英寸，并勾选"缩放样式"复选框（如图 9-42 所示），然后将素材文件拖动到 9-2.psd 文件中，得到一个新的"图层 2"。

　　5. 按快捷键 Ctrl+T 显示变换控件，将鼠标移动到变换控件的可调整部位，单击按住并拖动鼠标左键，调整图像的大小，将其放到合适的位置，如图 9-43 和图 9-44 所示。

图 9-43

图 9-44

　　6. 双击"图层"面板中的"图层 1"，在弹出的"图层样式"对话框中选中"内发光"复选框，"混合模式"为"正常"，"不透明度"为 70%，颜色设置为"C60、M0、Y50、K0"，"方法"为"柔和"、"大小"为 40 像素，如图 9-45 至图 9-47 所示。

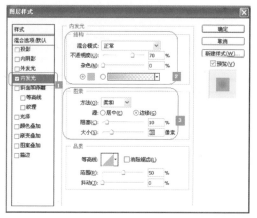

图 9-45

图 9-48

8. 双击"图层"面板中的"图层 2",在弹出的"图层样式"对话框中选中"内发光"复选框,"混合模式"为"正常","不透明度"为70%,颜色设置为"C60、M0、Y50、K0","方法"为"柔和"、"大小"为40像素,如图9-49至图9-51所示。

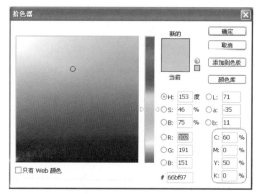

图 9-46

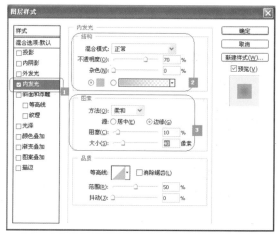

图 9-49

图 9-47

7. 选择"文件"→"打开"菜单命令(快捷键Ctrl+O),打开"光盘/素材文件/ch09/9-2-4.jpg"文件,执行"图像"→"图像大小"菜单命令,设置"宽度"为20厘米,"高度"会自动生成,"分辨率"为120像素/英寸,并勾选"缩放样式"复选框,然后将素材文件拖动到9-2.psd文件中,得到一个新的"图层3",如图9-48所示。

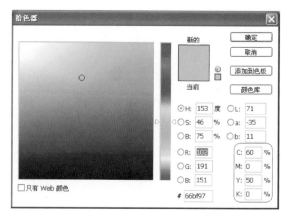

图 9-50

图9-51

图9-54

图9-55

9．选择"文件"→"打开"菜单命令（快捷键Ctrl+O），打开"光盘／素材文件／ch09/9-2-3.jpg"文件，执行"图像"→"图像大小"菜单命令，设置"宽度"为30厘米，"高度"会自动生成，"分辨率"为120像素／英寸，并勾选"缩放样式"复选框，效果如图9-52所示。

图9-52

10．选择工具栏中的套索工具，勾勒照片中的人物部分，执行"选择"→"修改"→"羽化"命令，在弹出的"羽化选区"对话框中设置"羽化半径"为50像素，如图9-53至图9-55所示。

11．将素材文件拖动到9-2-1.psd文件中，得到一个新的"图层3"，选择工具栏中的橡皮擦工具，然后调整其"不透明度"为70%，为了便于使用橡皮擦，将两张照片混于一体，再调整"不透明度"为100%，如图9-56和图9-57所示。

图9-56

图9-53

图9-57

12．选择"文件"→"打开"菜单命令（快捷键Ctrl+O），打开"光盘／素材文件／爱你一万年.psd"文件，将素材文件拖动到9-2-1.psd文件中，按快捷键Ctrl+T，按住并移动鼠标左键调整大小，得到一个新图层，如图9-58至图9-60所示。

图9-59

图9-58

图9-60

案例小结

一组相同风格的婚纱照通过图层之间的样式以及混合模式更改可以设计出另一种风格的浪漫婚纱照片。"自由变换"命令，可用于在一个连续的操作中应用变换。

9.3　婚纱照片合成案例（三）

每年婚纱店都会新增不少漂亮的背景图案，让新人在不同的背景前拍照，感受不同的风格。欧美艺术风格的婚纱照，给人以古典的感觉。

本节案例效果对比图：

案例解析

本组婚纱照以欧美家具为道具背景，带有一些西方色彩，为了给婚纱照赋予更多的风格，我们把几张相同风格的照片组合，设计不同的模版，配合该组的婚纱照风格，利用 Photoshop 的强大功能，并选择在颜色和构图上都比较搭配的赋予古典味道的模板来合成制作。

主要制作流程：

◎　制作时间：18 分钟

◎　知识重点：图像调整　图层样式　橡皮擦工具

◎　学习难度：★★★

操作步骤

1. 选择"文件"→"打开"菜单命令（快捷键 Ctrl+O），打开"光盘／素材文件/ch09/9-34/ 素材模板.jpg"文件，如图 9-61 和图 9-62 所示。

图 9-62

图 9-61

2. 将上一步的牡丹图层拖动到"图层"面板中的"创建新图层"按钮中，得到一个图层副本，双击"牡丹图层副本"按钮，在弹出的对话框中设置"混合模式"为"正片叠底"，"不透明度"为 50%，如图 9-63 和图 9-64 所示。

知识点链接：

正片叠底模式

考察每个通道里的颜色信息，并对底层颜色进行正片叠加处理。其原理和色彩模式中的"减色原理"是一样的。这样混合产生的颜色总是比原来的要暗。如果和黑色发生正片叠底的话，产生的就只有黑色；而与白色混合就不会对原来的颜色产生任何影响。

图 9-63

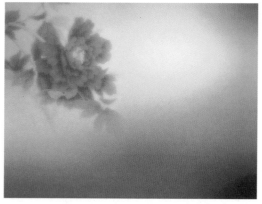

图 9-64

3. 选择"文件"→"打开"菜单命令（快捷键 Ctrl+O），打开"光盘／素材文件 /ch09/9-3-1/9-3-1.jpg"文件，如图 9-65 所示。

4. 执行"图像"→"调整"→"曲线"菜单命令（快捷键 Ctrl+M），在弹出的对话框中设置"输出"为 189、"输入"为 169，如图 9-66 至图 9-68 所示。

5. 选择工具栏中的移动工具，单击并拖动鼠标左键将上一步的照片拖动到婚纱模板中，得到一个新的图层，重命名为"婚纱 1"，然后执行"编辑"→"变换"→"垂直翻转"菜单命令，如图 9-69 至图 9-71 所示。

图 9-65

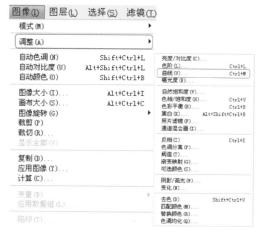

图 9-66

6. 双击"图层"面板中的"婚纱 1"图层，在弹出的对话框中设置"混合模式"为"柔光"，"不透明度"为 100%，如图 9-72 所示。

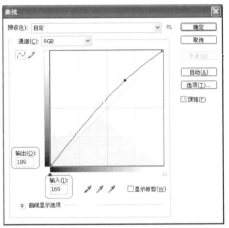

图 9-67

图 9-69

图 9-68

图 9-70

知识点链接：

柔光模式

变暗还是提亮画面颜色，取决于上层颜色信息。产生的效果类似于为图像打上一盏散射的聚光灯。如果上层颜色（光源）亮度高于50%灰，底层会被照亮（变淡）。如果上层颜色（光源）亮度低于50%灰，底层会变暗，就好像被烧焦了似的。

图 9-71

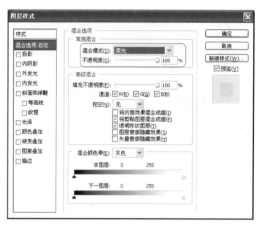

图 9-72

图 9-75

7. 选择工具栏中的橡皮擦工具 ，单击鼠标右键，在弹出的属性栏中设置"主直径"为500px，"硬度"为0%，在"婚纱1"图层上涂抹，露出牡丹花，如图9-73至图9-75所示。

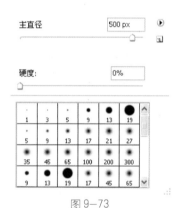

图 9-73

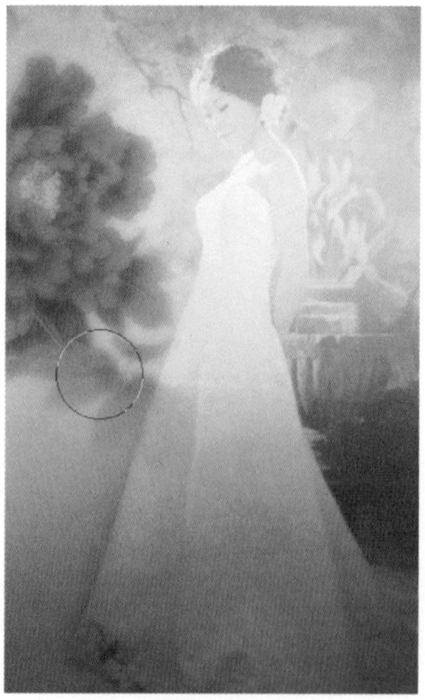

8. 选择"文件"→"打开"菜单命令（快捷键Ctrl+O），打开"光盘／素材文件／ch09／9-3-1／9-3 2.jpg"文件，执行"图像"→"调整"→"曲线"菜单命令（快捷键Ctrl+M），在弹出的"曲线"对话框中设置"输出"为48、"输入"为45，如图9-76至图9-78所示。

图 9-76

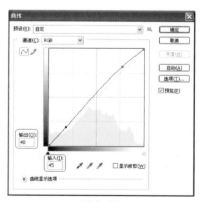

图 9-74

图 9-77

图 9-78

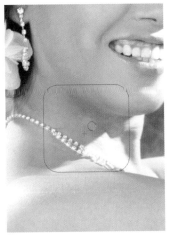

图 9-80

9. 选择工具栏中的修复画笔工具 ，按住 Alt 键，单击柔嫩的皮肤，松开 Alt 键，在需要修改的皮肤上涂抹，如图 9-79 至图 9-81 所示。

图 9-81

图 9-79

提示：

此步操作是为了修复颈部的皱纹，我们在前面章节已经详细介绍，主要目的就是为了使人物更加年轻漂亮。

10. 选择工具栏中的移动工具 ，将上一步的照片拖动到婚纱模板中，得到一个新的图层，重命名为"婚纱 2"，拖入素材边框，如图 9-82 和图 9-83 所示。

图9-82

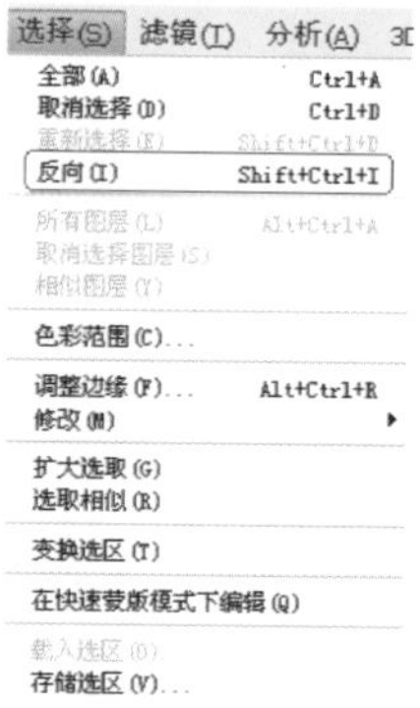

选择(S) 滤镜(T) 分析(A) 3D
全部(A)　　　　　Ctrl+A
取消选择(D)　　　Ctrl+D
重新选择(E)　　Shift+Ctrl+D
反向(I)　　　　Shift+Ctrl+I
所有图层(L)　　　Alt+Ctrl+A
取消选择图层(S)
相似图层(Y)

色彩范围(C)...

调整边缘(F)...　　Alt+Ctrl+R
修改(M)　　　　　　　▶

扩大选取(G)
选取相似(R)

变换选区(T)

在快速蒙版模式下编辑(Q)

载入选区(L)
存储选区(V)...

图9-85

图9-86

图9-83

11. 选择工具栏中的魔棒工具，单击圆心，然后按快捷键Shift+Ctrl+I，执行"选择"→"反向"菜单命令进行反选，按Delete键删除"婚纱2"图层的多余部分，如图9-84至图9-87所示。

图9-87

图9-84

12. 选择"文件"→"打开"菜单命令（快捷键Ctrl+O），打开"光盘／素材文件/ch09/9-3-1/9-3-3.jpg"文件，如图9-88所示。

13. 执行"图像"→"调整"→"亮度／对比度"菜单命令，在弹出的对话框中设置亮度和对比度均为"+10"，如图9-89至图9-91所示。

图 9-88

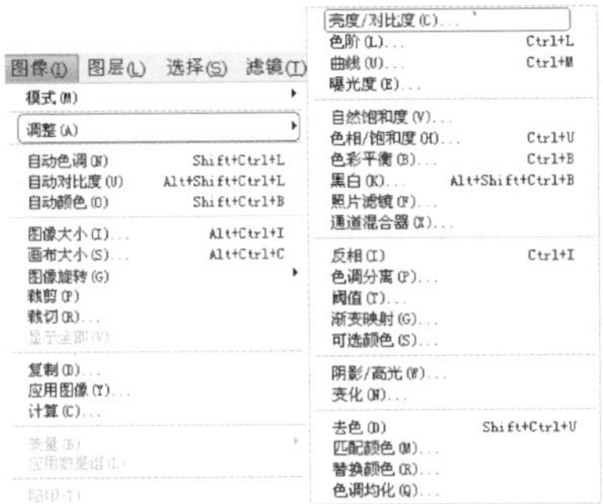

图 9-92

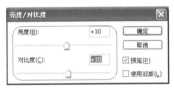

图 9-89

图 9-93

图 9-90

图 9-91

图 9-94

16．按着上述方法继续添加其余装饰，得到完整效果，如图 9-95 所示。

14．显示婚纱模板中的图层，选择工具栏中的磁性套索工具，沿着相框的边缘绘制一个选框，选中"婚纱 3"图层，按快捷键 Shift+Ctrl+I 反选，然后按 Delete 键删除"婚纱 3"图层的多余部分，如图 9-92 和图 9-93 所示。

15．选择"文件"→"打开"菜单命令（快捷键 Ctrl+O），打开"光盘／素材文件／树叶.psd"文件，将素材文件拖动到 9-3.psd 文件中，自动生成得到一个新图层，按快捷键 Ctrl+T 自由变换调整大小，如图 9-94 所示。

图 9-95

165

17. 执行"文件"→"打开"→"光盘"→"素
材"→"ch09"命令打开文件夹，单击"移动按钮"
，将素材图片拖拽至文件中，自动生成新图层，按
快捷键 Ctrl+T 自由变换，调整以上所绘制和导入的
所有图层，完成最终的绘制，效果如图 9—96 所示。

图 9—96

案例小结

Photoshop 中图层混合模式中的溶解、变暗、正片叠底、颜色加深、线性加深、叠加、柔光、亮
光、强光、线性光、点光、实色混合、差值、排除、色相、饱和度、颜色、亮度等各有各的原理。

第 10 章　创意照片合成

10.1　创意照片合成案例（一）

Photoshop 提供了一系列专业为图层设计样式的特殊效果。在"图层"菜单下的"图层样式"中提供了多种不同样式的效果，我们也可以自己定义图层的样式。

本节案例效果对比图：

案例解析

在利用 Photoshop 合成创意照片的过程中，无论是图像图层还是文字图层都可以实现不同的混合效果。本例通过拍摄的小桥和天鹅，通过自由变换工具的应用、移动工具以及滤镜的综合应用，加上一些文字特效的处理合成一组新的风景创意照片。

主要制作流程：

◎　制作时间：14 分钟

◎　知识重点：图层样式　图层
　　　　　　　蒙版　文字工具

◎　学习难度：★★

操作步骤

1. 选择"文件"→"打开"菜单命令（快捷键 Ctrl+O），打开"光盘／素材文件／ch10/10-1-1. jpg"文件，打开的照片如图10-1所示。

图10-1

> **提示：**
>
> 打开已有素材文件时，可直接在Photoshop界面的空白处双击鼠标左键，快速打开"打开文件"对话框。

2. 选择"图像"→"调整"→"曲线"菜单命令，在弹出的"曲线"对话框中设置"输出"为176，"输入"为119，如图10-2和图10-3所示。

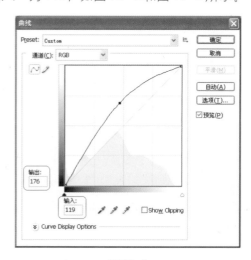

图10-2

图10-3

3. 选择"文件"→"打开"菜单命令（快捷键 Ctrl+O），打开"光盘／素材文件／ch10/10-1-2. jpg"文件，如图10-4和图10-5所示。

图10-4

图10-5

4．将上一步打开的图像拖动到psd文件中，得到一个新的"图层1"，如图10-6和图10-7所示。

图10-8

图10-6

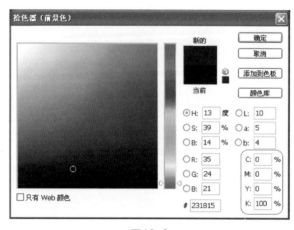

图10-9

图10-7

5．按"图层"面板下的"创建图层蒙版"按钮 ，将前景色设置为"C0、M0、Y0、K100"，然后选择工具栏中的渐变工具 为"图层1"添加渐变蒙版，如图10-8至图10-12所示。

图10-10

图 10—11

图 10—12

6. 选择"文件"→"打开"菜单命令（快捷键
Ctrl+O），打开"光盘／素材文件/ch10/10—1—3.
jpg"文件，如图 10—13 和图 10—14 所示。

图 10—13

图 10—14

7. 双击"图层"面板上的"图层 2"，在弹出
的对话框中设置图层的"混合模式"为"强光"，并
设置"不透明度"为 100%，如图 10—15 和图
10—16 所示。

图 10—15

图 10—16

8. 选择工具栏中的文字工具 T，输入"春韵"，设置文字字体为"汉仪行楷简"，文字的大小为"150点"、文字的颜色设置为"C85、M43、Y91、K4"，如图 10—17 至图 10—20 所示。

图 10—17

图 10—18

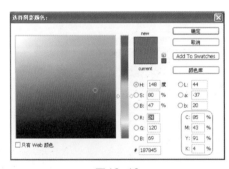

图 10—19

图 10—20

9. 选择"图层"→"图层样式"→"投影"菜单命令，在弹出的"图层样式"对话框中选中"投影"复选框，"混合模式"为"正片叠底"、"距离"为 25 像素、"扩展"为 10%、"大小"为 15 像素，如图 10—21 和图 10—22 所示。

图 10—21

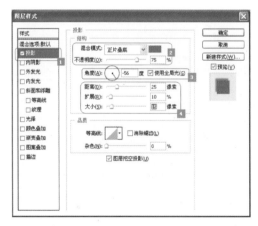

图 10—22

10. 继续选择"图层"→"图层样式"菜单命令，在弹出的"图层样式"对话框中选中"斜面和浮雕"复选框，"样式"为"内斜面"、"方法"为"平滑"、"深度"为 100%、"大小"为 5 像素、"软化"为 0 像素，如图 10—23 和图 10—24 所示。

11. 选择"图层"面板上方的混合模式为"差值"，如图 10—25 和图 10—26 所示。

图 10—23

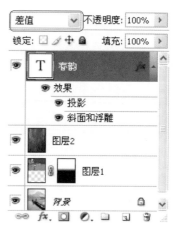

图 10—25

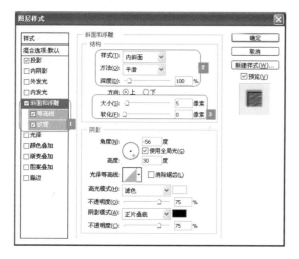

图 10—24

图 10—26

案例小结

　　该案例的主要特点是颜色的运用，运用图层间的变换，平衡所有元素间的色彩，给人春意盎然的感觉。在图层面板中选中一个图层，可以执行"图层"→"图层样式"菜单命令，也可以直接双击所要编辑的图层，这几种途径均可弹出"图层样式"对话框，然后进行各种参数的设置，对照片进行处理。

10.2　创意照片合成案例（二）

　　创意照片的合成不仅可以完成完全不同地点拍摄的几张照片的合成，生成新意境的照片，也可以更改不同的时段，例如，夜幕下的霓虹灯景色比白天的钢筋水泥增加了几分温暖和美丽。

　　本节案例效果对比图：

案例解析

　　本例就利用几张非夜幕下拍摄成的照片作为素材，通过 Photoshop 提供的一系列专业为图层设计样式的特殊效果，以及各种滤镜的综合应用完成另一组创意照片的合成。

　　主要制作流程：

◎ 制作时间：12 分钟

◎ 知识重点：图层样式 图层蒙版 高斯模糊

◎ 学习难度：★★

操作步骤

1. 选择"文件"→"打开"菜单命令（快捷键 Ctrl+O），打开"光盘／素材文件 /ch10/10-1-1.jpg"文件，如图 10-27 和图 10-28 所示。

2. 选择"文件"→"新建"菜单命令（快捷键 Ctrl+N），在弹出的对话框中设置其属性，如图 10-29 和图 10-30 所示。

图 10-27

图 10-29

图 10-28

图 10-30

3. 选择工具栏中的裁切工具 ，将素材图片裁剪，并将其拖动到 10-2-1.psd 文件中，得到了一个新的图层，也就是"图层1"，如图 10-31 所示。

图10-31

4. 执行"文件"→"打开"菜单命令（快捷键 Ctrl+O），打开"光盘／素材文件／ch10/10-1-2.jpg"文件，将图像拖动到10-2.psd文件中，得到了一个新的图层，也就是"图层2"，如图10-32和图10-33所示。

图10-32

图10-33

5. 选择工具栏中的套索工具 ，按住并拖到鼠标左键，将"图层2"中的右半部分选中，按快捷键Shift+F6，在弹出的"羽化选区"对话框中设置"羽化半径"为25像素，如图10-34和图10-35所示。

图10-34

图10-35

6. 执行"滤镜"→"模糊"→"动感模糊"菜单命令，在弹出的"动感模糊"对话框中设置"角度"为35度，设置"距离"为40像素，如图10-36至图10-38所示。

图10-36

图10-37

图 10—38

图 10—41

使用技巧：

模糊滤镜的主要作用是消弱相邻像素之间的对比度，从而使图像中过于清晰或者对比度比较强烈的区域产生各种模糊的效果。

7. 执行"文件"→"打开"菜单命令（快捷键 Ctrl+O），打开"光盘／素材文件／ch10/10-1-3. jpg"文件，将其拖动到 10-2.psd 文件中，得到了一个新的图层，也就是"图层 3"，双击"图层"面板中的"图层 3"，在弹出的"图层样式"对话框中设置"混合模式"为"叠加"，"不透明度"为 70%，如图 10—39 至图 10—41 所示。

8. 选择工具栏中的矩形选框工具在图像中间绘制一个矩形选框的选区，按快捷键 Ctrl+Alt+D，在弹出的"羽化选区"对话框中设置"羽化半径"为 25 像素，然后单击"图层"面板下方的"创建新图层"按钮得到一个新图层"图层 4"，如图 10—42 至图 10—44 所示。

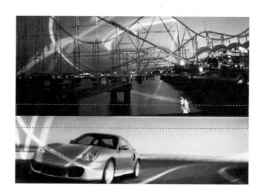

图 10—42

图 10—39

图 10—43

图 10—40

图 10—44

9．将前景色设置为白色，然后按快捷键
Alt+Delete 为矩形选框填充白色。执行"滤镜"→
"杂色"→"添加杂色"菜单命令，在弹出的"添加
杂色"对话框中设置"数量"为40%，选中"平均
分布"单选按钮　如图10-45至图10-47所示。

图10-48

图10-45

图10-49

图10-46

图10-50

11．选择工具栏中的钢笔工具勾画一个星形
的路径，创建一个新图层，得到一个图层"图层5"，
将路径转换为选区之后填充白色，如图10-51至图
10-53所示。

图10-47

10．执行"滤镜"→"模糊"→"动感模糊"
菜单命令，在弹出的"动感模糊"对话框中设置"角
度"为0度，设置"距离"为16像素，如图10-48
至图10-50所示。

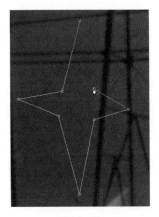

图10-51

图10-52

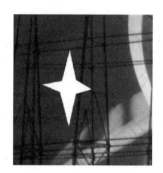

图10-53

12. 选择"滤镜"→"模糊"→"高斯模糊"菜单命令，在弹出的"高斯模糊"对话框中设置"半径"为4像素，如图10-54和图10-55所示。

图10-54

图10-55

13. 按住Alt键并拖动"图层5"，得到"图层5副本"，然后按照同样的方法复制若干个星形，并按快捷键Ctrl+T调整其大小，如图10-56所示，得到本案例的最终效果，如图10-57所示。

图10-56

图10-57

案例小结

本案例的重点是学习滤镜，在Photoshop中制作特殊效果时的一种重要工具。所谓滤镜，是指一种特殊的软件处理模块，图像经过处理后，可以产生各种奇幻的艺术效果。例如：高斯模糊可以根据自己的需要来设置模糊的半径，生成的效果是不同的。

10.3　创意照片合成案例（三）

创意照片合成，顾名思义就是将几张照片利用 Photoshop 提供的一系列专业为图层设计样式的特殊效果合成一幅具有创造意义的照片。在"图层"菜单下的"图层样式"中提供了多种不同样式的效果，我们也可以自己定义图层的样式。

本节案例效果对比图：

案例解析

本案例利用一组拍摄者与被拍摄者的照片，通过钢笔工具的抠图，调整图层的模式以及各种滤镜的使用，将几张照片进行修饰后，既可以突出主题，又可以合成另一种风格的图像。

主要制作流程：

◎　制作时间：12 分钟

◎　知识重点：图层样式　图层蒙版

◎　学习难度：★★

操作步骤

1. 选择"文件"→"新建"菜单命令（快捷键Ctrl+N），在弹出的对话框中设置其属性，如图10-58和图10-59所示。

3. 选择"滤镜"→"杂色"→"添加杂色"菜单命令，在弹出的对话框中设置"数量"为12.5%，如图10-61和图10-62所示。

图10-61

图10-58

图10-59

2. 单击"图层"面板下的"创建新图层"按钮，设置前景色为"C15、M10、Y57、K0"（如图10-60所示），按快捷键Ctrl+Delete填充"图层 1"。

图10-62

4. 选择"文件"→"打开"菜单命令（快捷键Ctrl+O），打开"光盘／素材文件/ch10/10-1-1.jpg"文件，如图10-63和图10-64所示。选择"图像"→"图像大小"命令，在弹出的对话框中设置其属性，如图10-65和图10-66所示。

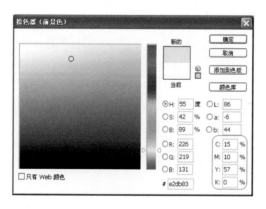

图10-60

图10-63

图 10—64

图 10—65

图 10—66

5．选择工具栏中的矩形选框工具▣，在素材文件上绘制一个稍微小于文件的矩形选框，然后按快捷键 Shift+F6，在弹出的"羽化选区"对话框中设置"羽化半径"为 30 像素，并将其拖动到 10-3．psd 文件中，得到一个新的图层为"图层 2"，如图 10—67 和图 10—68 所示。

图 10—67

图 10—68

6．选择"路径"面板，单击下方的"创建新路径"按钮，得到"路径 1"，选择工具栏中的钢笔工具▨，勾勒人物图像的左半部分，并将其转换为选区，然后按快捷键 Ctrl+Alt+D，在弹出的"羽化选区"对话框中设置"羽化半径"为 1 像素，如图 10—69 和图 10—70 所示。

图 10—69

图 10—70

7. 按快捷键Ctrl+J，复制选区得到一个新的图层"图层3"，然后选择"图层"面板中的"图层2"，单击"图层"面板下的"添加图层蒙版"按钮，然后再选择工具栏中的渐变工具，为"图层2"添加蒙版，如图10-71至图10-73所示。

图 10-71

图 10-72

图 10-73

8. 执行"文件"→"打开"菜单命令（快捷键Ctrl+O），打开"光盘／素材文件／ch10/"文件夹下的10-2-2.jpg和10-2-3.jpg文件，将图像拖动到10-2.psd文件中，得到了一个新的图层，也就是"图层4"和"图层5"，调整图像大小，如图10-74至图10-76所示。

图 10-74

图 10-75

图 10-76

提示：

在把素材图片置入到所要制作的文件之前，可以先看一下图像大小，如果图像太大，我们可以通过"图像大小"菜单命令来调整使其变小，这样在不影响文件的同时保障了运行速度。

9．将上一步得到的图像拖动到文件中得到两个新图层，按快捷键Ctrl+T调整位置和角度，如图10-77所示。

图 10-77

10．双击"图层"面板中的"图层4"，在弹出的"图层样式"对话框中勾选"描边"复选框，设置其结构和颜色的属性，如图10-78至图10-80所示。

图 10-78

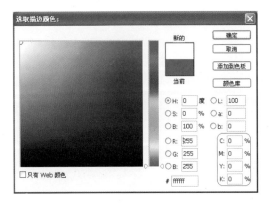

图 10-79

图 10-80

11．双击"图层"面板中的"图层5"，在弹出的"图层样式"对话框中勾选"投影"复选框，设置其"混合模式"为"正片叠底"，设置"角度"为120度，"距离"为5像素，"扩展"为25%，"大小"为73像素，设置颜色为黑色，如图10-81至图10-83所示。

图 10-81

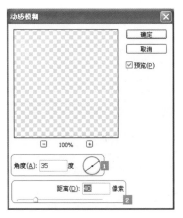

图 10-82

图 10—83

　　12. 切换到"路径"面板，单击"路径"面板下的"创建新路径"按钮，然后选择工具栏中的钢笔工具，在"图层4"上勾勒出一个曲别针的路径，如图 10—84 和图 10—85 所示。

图 10—84

图 10—85

　　13. 将上一步得到的路径转换为选区，并且切换到"图层"面板，新建一个图层"图层6"，执行"选择"→"描边"菜单命令，设置颜色为"C0、M0、Y0、K40"，"宽度"为 4px，如图 10—86 至图 10—88 所示。

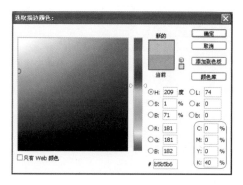

图 10—86

图 10—87

图 10—88

　　14. 双击"图层"面板中的"图层6"，在弹出的"图层样示"对话框中勾选"投影"和"斜面和浮雕"复选框，并分别进行属性设置，如图 10—89 和图 10—90 所示，得到了一个曲别针的形象，如图 10—91 所示。

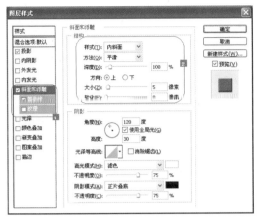

图 10-89

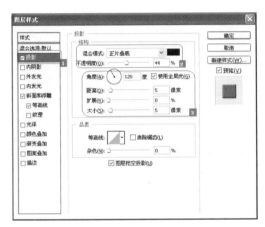

图 10-90

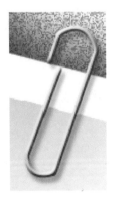

图 10-91

图 10-92

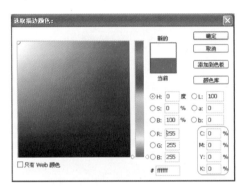

图 10-93

图 10-94

图 10-95

图 10-96

15. 选择工具栏中的文字工具 T，在图像中间输入文字，如图 10-92 和图 10-93 所示。然后选择工具栏中的矩形选框工具在文字边缘处，绘制一个矩形选框，单击"图层"面板中的"创建新图层"按钮，得到新的"图层8"，将前景色设置为"C80、M64、Y100、K46"，并填充矩形选框，如图 10-94 至图 10-96 所示。

16. 继续选择工具栏中的文字工具 T ，在上一步图像的边缘处单击鼠标左键，输入文字 "Way" ，并设置文字属性，字体为 Arial Black ，大小为 75.69 点，颜色为 "C80、M64、Y100、K5" ，如图 10-97 和图 10-98 所示。

图 10-97

图 10-98

17. 继续选择工具栏中的文字工具 T ，输入文字字符及其段落属性，如图 10-99 至图 10-101 所示。

图 10-99

图 10-100

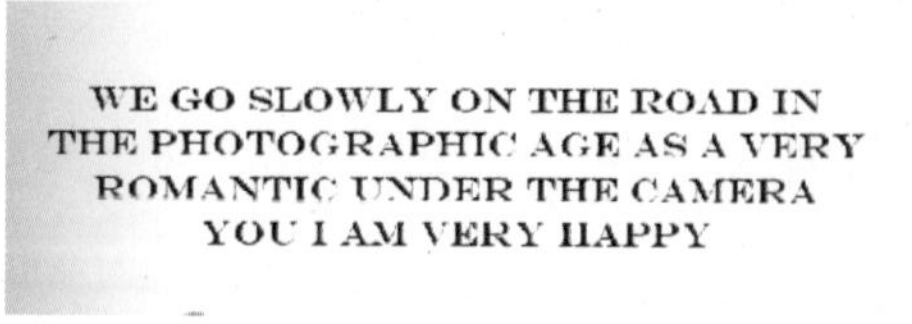

WE GO SLOWLY ON THE ROAD IN THE PHOTOGRAPHIC AGE AS A VERY ROMANTIC UNDER THE CAMERA YOU I AM VERY HAPPY

图 10-101

18. 打开素材文件，将素材文件中的 "图层1" 拖动到文件中，得到 "图层7" ，然后双击 "图层" 面板中的 "图层7" ，在弹出的 "图层样式" 对话框中选中 "投影" 复选框，并设置属性，如图 10-102 至图 10-104 所示。

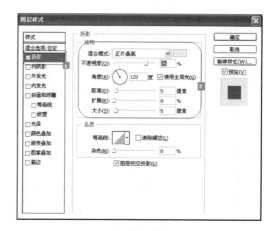

图 10-102

图 10-103

图 10-104

19. 打开素材文件，将素材文件中的 "图层2" 拖动到文件中，得到 "图层8" ，在 "图层样式" 中选择 "差值" ，如图 10-105 和图 10-106 所示。

图 10—105

图 10—106

图 10—108

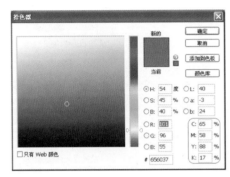

图 10—109

20. 打开素材文件，将素材文件中的"图层 3"拖动到文件中，得到"图层 9"，按住快捷键 Ctrl+T 调整到合适的大小，然后双击"图层"面板中的"图层 9"，在弹出的"图层样式"对话框中选中"外发光"复选框，进行属性设置，如图 10—107 和图 10—108 所示，其中发光值为"C65、M58、Y88、K17"，如图 10—109 所示。

21. 得到本案例的最终效果，如图 10—110 所示。

图 10—107

图 10—110

案例小结

　　本案例的重点是学习图层样式和添加杂色滤镜，在 Photoshop 中改变图层样式是制作特殊效果时的一种途径。通过改变图层样式的效果，就可以产生各种奇妙的艺术效果。

　　使用"添加杂色"滤镜时，将随机像素应用于图像，模拟在高速胶片上拍照的效果。也可以使用"添加杂色"滤镜来减少羽化选区或渐进填充中的条纹，或可以使经过重大修饰的区域看起来更真实。"杂色分布"选项包括"平均"和"高斯"。

第 11 章 数码照片在商业广告中的应用

11.1 商业广告应用案例（一）——电影海报

将一张自己的写真数码照片做成海报将另有一番风趣。

本书案例效果对比图：

案例解析

一般海报尺寸都比较大，所以这就要求数码照片的质量应该高一些，在制作海报的时候可以利用原有的素材结合自己的照片制作一些特殊的效果，让自己感觉犹如电影明星那样，无论是图像图层还是文字图层都可以实现不同的混合效果。

主要制作流程：

◎ 制作时间：15 分钟

◎ 知识重点：图层样式 图层蒙版 文字工具

◎ 学习难度：★★★

操作步骤

1. 选择"文件"→"打开"菜单命令（快捷键
Ctrl+O），打开"光盘／素材文件／ch11／11-1-1.
jpg"文件，打开的照片如图 11-1 所示。

图 11-1

2. 选择"图像"→"调整"→"曲线"菜单命
令，在弹出的"曲线"对话框中设置"输出"为160，
"输入"为141，如图 11-2 和图 11-3 所示。

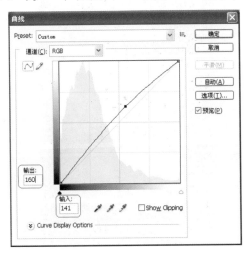

图 11-2

图 11-3

3. 单击"路径"面板下方的"创建新路径"按
钮，得到一个新的路径"路径1"，然后选择工具箱
中的缩放工具  ，如图 11-4 和图 11-5 所示。

图 11-4

图 11-5

4．选择工具箱中的钢笔工具 ，勾画出人物的轮廓，如图11-6至图11-8所示。

图11-6

图11-7

图11-8

5．单击"路径"面板下方的"将路径载入选区"按钮，将其转换成选区，按快捷键Shift+F6，在弹出的"羽化选区"对话框中设置"羽化半径"为2像素，如图11-9和图11-10所示。

图11-9

图11-10

6．将选区照片拖动到psd文件中，得到一个新的图层，然后选择工具栏中的仿制图章工具 修复照片，如图11-11至图11-13所示。

图11-11

图 11-12

图 11-13

7. 单击"图层"面板下方的"创建图层蒙版"按钮，将前景色设置为默认颜色（黑色），为"图层2"图层添加蒙版，选择工具栏中的渐变工具，然后按住Shift键，单击并拖动鼠标左键，添加渐变颜色，如图11-14和图11-15所示。

图 11-14

图 11-15

8. 选择"图层"→"图层样式"菜单命令，如图11-16所示。在弹出的"图层样式"对话框中选中"投影"复选框，"混合模式"为"正常"，颜色为"C21、M64、Y90、K0"，"距离"为12像素，"扩展"为12%，"大小"为107像素，如图11-17和图11-18所示。

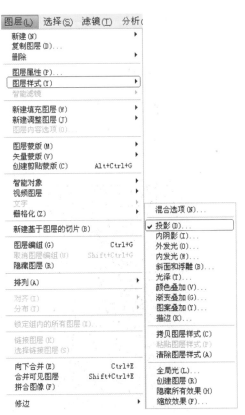

图 11-16

191

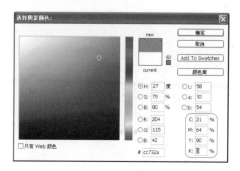

图 11-17

图 11-18

9. 得到的效果如图 11-19 和图 11-20 所示。

图 11-19

图 11-20

10. 选中"图层 2",将其拖动到"图层"面板下方的"创建新图层"按钮,得到"图层 2 副本"图层,之后执行"编辑"→"变换"→"水平翻转"菜单命令,将其移动到图像的左边部分,如图 11-21 至图 11-23 所示。

图 11-21

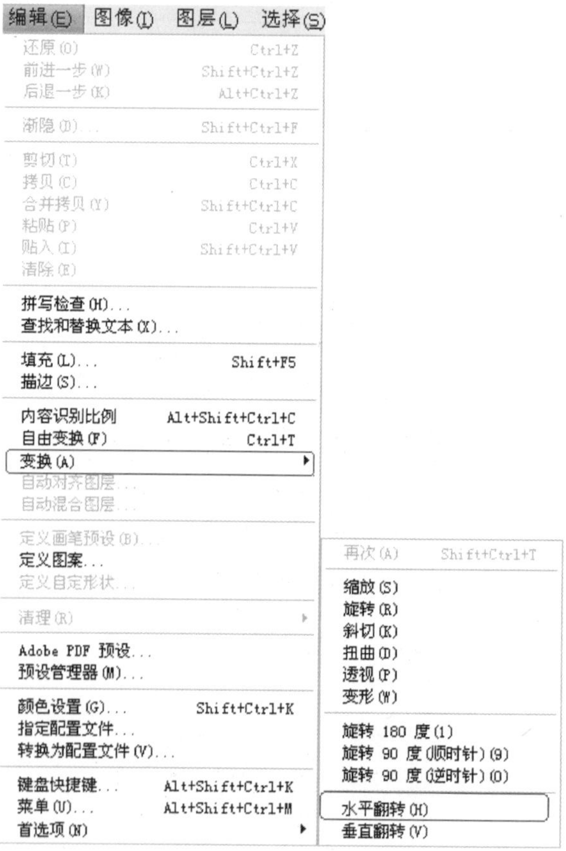

图 11-22

图11-23

11. 选择工具栏中的文字工具中的直排文字工具，输入"真爱"，设置文字字体为"汉仪粗圆简"，文字大小设置为"196.81点"，颜色设置为"C13、M46、Y89、K0"，如图11-24至图11-27所示。

图11-24

图11-25

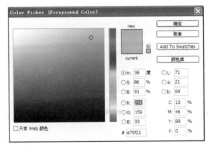

图11-26

图11-27

12. 选择工具栏中的移动工具，执行"图层"→"图层样式"菜单命令，在弹出的"图层样式"对话框中选中"投影"复选框，"混合模式"为"正常"，"不透明度"为75%，"距离"为9像素，"扩展"为20%，"大小"为17像素，如图11-28和图11-29所示。

图11-28

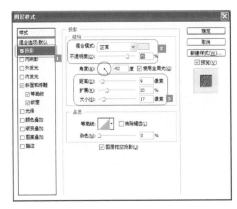

图11-29

13．继续执行"图层"→"图层样式"菜单命令，在弹出的"图层样式"对话框中选中"斜面和浮雕"复选框，"混合模式"为"内斜面"，"方法"为"平滑"，"深度"为100%，"大小"为3像素，"软化"为0像素，如图11-30至图11-32所示。

图11-32

14．选择"文件"→"打开"菜单命令（快捷键Ctrl+O），打开"光盘／素材文件／ch11／11-1-2.jpg"文件，将其拖动到图像中间位置，得到本案例的最终效果，如图11-33所示。

图11-30

图11-33

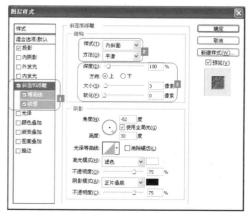

图11-31

案例小结

本案例色彩神秘，配合颜色突出的人物和图层样式的运用，使人物在整个作品中显得尤为突出，若整幅作品都以彩色图像构成难免会显得杂乱，而这幅作品中背景部分则采用了黑白效果，平衡了整体色彩，给人时尚现代的视觉感受，另一张赋有现代风格的海报呈现眼前。在图层调板中选中一个图层，可以执行"图层"→"图层样式"菜单命令，也可以直接双击所要编辑的图层，均可弹出"图层样式"对话框，或者可以在"图层"面板上的属性栏直接编辑。

11.2　商业广告应用案例（二）——杂志封面

Photoshop 提供了一系列专业为图层设计样式的特殊效果，还提供了自定义图案的填充功能，我们也可以自己定义图案的样式，对需要填充的画面进行填充。

本节案例效果对比图：

案例解析

饮食文化历史悠久，在社会高速发展的今天，酒品作为显示身份价值的物品之一，也越来越被人们所重视，研究其文化也越来越宽泛，那么作为传媒的重要途径之一———杂志，则越来越受消费者青睐。本案例就一用张普通的数码照片，通过 Photoshop 来制作一本《美酒鉴赏》杂志的封面。

主要制作流程：

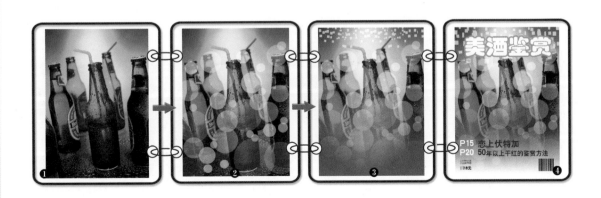

◎ 制作时间：12分钟

◎ 知识重点：图层样式　图层蒙版　高斯模糊

◎ 学习难度：★★

操作步骤

1. 选择"文件"→"打开"菜单命令（快捷键Ctrl+O），打开"光盘／素材文件／ch11/11-2-1.jpg"文件，打开的照片如图11-34所示。

图11- 34

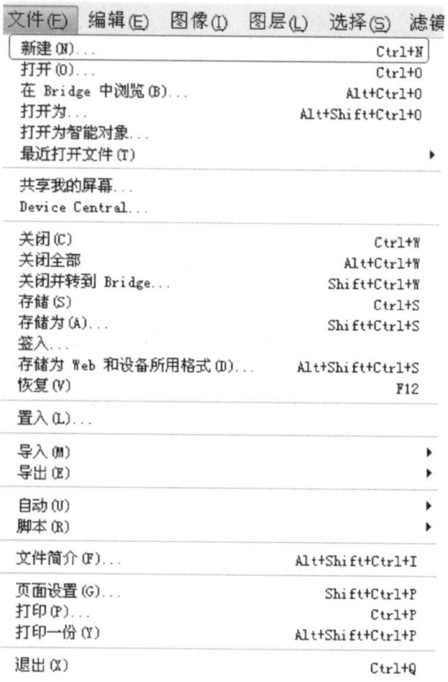

2. 选择"文件"→"新建"菜单命令（快捷键Ctrl+N），在弹出的对话框中设置其属性，"名称"为12-1-1，"宽度"为21.6厘米、"高度"为29.1厘米、"分辨率"为300像素／英寸，如图11-35和图11-36所示。

图11-35

图11-36

提示：

目前国内的普通开本杂志为210mm－285mm的正度8开，由于刊物用于印刷，在印刷裁切的时候必须留有裁切余量——出血，即各边留出3mm即可。

3．选择工具栏中的裁切工具  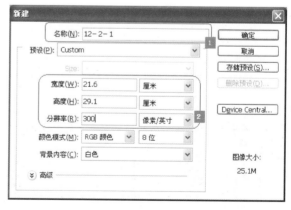　将素材图片裁剪，并将其拖动到11-2-1.psd文件中，得到了一个新的图层，也就是"图层1"，如图11-37至图11-39所示。

图11—37

图11—38

图11—39

4．单击"图层"面板下的"创建新图层"按钮，得到"图层2"，设置前景色，色值为"C0、M1、Y55、K1"，填充颜色，如图11—40和图11—41所示。

图11—40

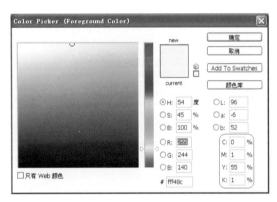

图11—41

5．选择工具栏中的椭圆形工具，在页面中间绘制一个椭圆形选框，按快捷键Shift+F6，在弹出的"羽化选区"对话框中设置"羽化半径"为25像素，如图11—42所示。

图11—42

6．选择工具栏中的渐变工具，在椭圆形选框中从上到下拖动鼠标左键，如图11—43和图11—44所示。

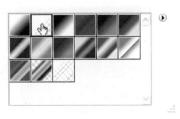

图11—43

图 11-44

使用技巧：

渐变颜色可以根据自己的爱好选择，也可以自定义渐变颜色。

7. 双击"图层"面板中的"图层2"，在弹出的对话框中设置"混合模式"为"正片叠底"，"不透明度"为100%，如图 11-45 和图 11-46 所示。

图 11-45

图 11-46

8. 单击"图层"面板下的"创建新图层"按钮，得到"图层3"，选择工具栏中的椭圆形工具 ⬭，按住 Shift 键，在页面中间绘制一个圆形选框，设置前景色为白色，填充颜色，然后调整其"不透明度"为50%，如图 11-47 至图 11-49 所示。

图 11-47

图 11-48

图 11-49

9. 将上一步的圆形按快捷键Ctrl+D取消选区，然后将其拖动到"图层"面板中的"创建新图层"按钮，得到"图层3副本"，按快捷键Ctrl+T之后拖动变换控件将其适当放大，之后双击图像。按照同样的方法多复制几个圆形图像，如图 11-50 至图 11-52 所示。

图 11—50

图 11—51

图 11—52

10．按住 Shift 键的同时单击并拖动鼠标左键
选中几个圆形图层，然后单击图层面板右上角的三
角，在下拉菜单中选择"合并图层"菜单命令，或
者按快捷键 Ctrl＋E 将其组合，如图 11—53 至图
11—55 所示。

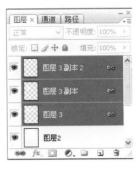

图 11—53

图 11—54

图 11—55

11．按照上述方法继续绘制其余的圆形图案，
如图 11—56 至图 11—58 所示。

图 11—56

图 11-57

图 11-58

12. 单击"图层"面板下的"创建新图层"按钮，得到"图层 4"，选择工具栏中的矩形工具⬚，在页面中间绘制若干个矩形选框，设置前景色为白色，填充颜色，如图 11-59 所示。

图 11-59

13. 将文件中其余图层隐藏，继续选择工具栏中的矩形工具⬚，勾选上一步绘制的图案，执行"编辑"→"定义图案"菜单命令，在弹出的对话框中设置默认选项，如图 11-60 至图 11-62 所示。

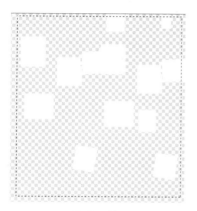

图 11-60

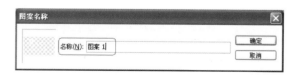

图 11-61

图 11-62

14. 将所有图层显示。继续选择工具栏中的矩形工具⬚，勾选页面的上半部分，执行"图层"→"新建填充图层"→"图案"菜单命令，在弹出的对话框中设置默认选项，如图 11-63 至图 11-65 所示。

图 11-63

图 11-67

16. 将上一步制作好的图层拖动到"创建新图层"按钮，复制一个图层后同时选中两个图层，然后按快捷键 Ctrl+E 将其合并，如图 11-68 至图 11-70 所示。

图 11-64

图 11-68

图 11-69

图 11-65

15. 填充图案后的效果如图 11-66 和图 11-67 所示。

图 11-66

图 11-70

17. 设置其"不透明度"为65%，如图11-71和图11-72所示。

图11-71

图11-72

18. 设置前景色，色值为"C80、M48、Y100、K10"，选择工具栏中的渐变工具 ▣，按住 Shift 键，在页面中从下到上拖动鼠标左键，如图11-73至图11-75所示。

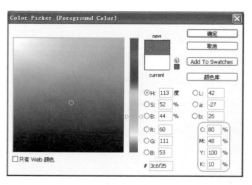

图11-73

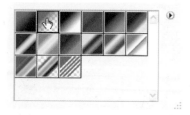

图11-74

图11-75

19. 双击"图层"面板中的"图层4"，在弹出的"图层样式"对话框中选中"斜面和浮雕"复选框，"混合模式"为"内斜面"、"方法"为"雕刻清晰"、"深度"为100%，"大小"为16像素、"软化"为0像素，如图11-76至图11-78所示。

图11-76

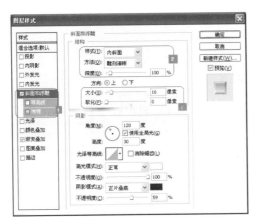

图 11—77

图 11—81

21．双击"图层"面板中的"美酒鉴赏"图层，在弹出的"图层样式"对话框中选中"描边"复选框，"大小"为 34 像素，"位置"为"外部"，"混合模式"为"正常"，"不透明度"为 100%，颜色设置为"C7、M61、Y95、K0"，如图 11—82 至图 11—84 所示。

图 11—78

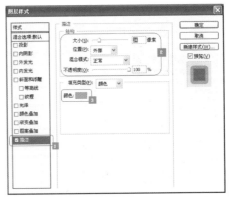

图 11—82

20．选择工具栏中的文字工具 T，输入"美酒鉴赏"，设置文字字体为"华文琥珀"，字体大小为"113.09 点"，颜色为白色，如图 11—79 至图 11—81 所示。

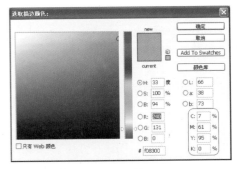

图 11—83

图 11—79

图 11—80

图 11—84

22．选择工具栏中的文字工具T，输入标题文字，设置文字字体为"汉仪大黑简"，字体大小为"48点"，颜色设置为"C66、M100、Y78、K40"，如图11－85至图11－87所示。

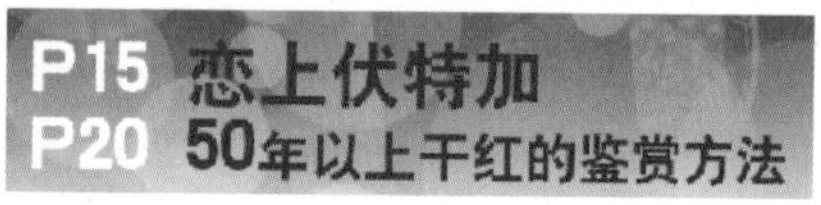

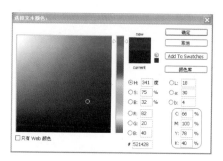

图11－85

图11－86

图11－87

23．选择工具栏中的文字工具T，输入刊号及其定价，如图11－88至图11－90所示。

2008年9月
总第058期

图11－88

图11－89

图11－90

24．选择"文件"→"打开"菜单命令（快捷键Ctrl+O），打开"光盘／素材文件／ch11／条形码.psd"文件，并将其拖动到文件中，适当移动其位置，得到本案例的最终效果，如图11－91和图11－92所示。

图11－91

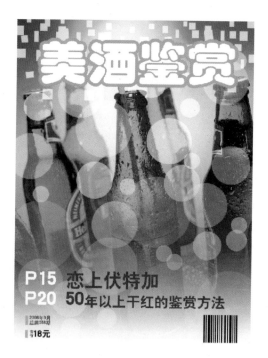

图11－92

案例小结

本案例体现了美酒的梦幻感觉，在输入文字的时候，文字的颜色和工具栏中的前景色是一致的，图像和文字经过处理后，可以产生各种奇幻的艺术效果。

在对比较大范围的图像填充小图案的时候，我们可以利用自定义填充来使操作更为简单快捷。

11.3　商业广告应用案例（三）——地产广告

地产业的繁荣拉动了地产广告的发展，Photoshop 便于制作地产广告。通过图层调整完成案例的制作。在移动图层的时候，可以在文档窗口中直接选择要移动的图层。在移动工具的选项栏中选择"自动选择"，然后从下拉菜单中选择"图层"。按住 Shift 键并单击可选择多个图层。通过选择"自动选择"并随后选择"组"，可使在某个组中选择一个图层时选择整个组。

本节案例效果对比图：

案例解析

房地产的广告广泛应用在日常生活的每一个角落，所谓的地产广告分为好多种——报纸、杂志、楼书、DM 单页、展板、灯箱设计等。本例就介绍一种在杂志中的地产单页广告的制作。

主要制作流程：

◎ 制作时间：10分钟

◎ 知识重点：图层顺序 描边混合模式 文字工具

◎ 学习难度：★★

操作步骤

1. 选择"文件"→"打开"菜单命令（快捷键Ctrl+O），打开"光盘／素材文件/ch11/11－2－1.jpg"文件，打开的照片如图11－93所示。

图11－93

图11－94

2. 选择"文件"→"新建"菜单命令（快捷键Ctrl+N），在弹出的对话框中设置其属性，名称为12－2－1，"宽度"为21.6厘米、"高度"为29.1厘米、"分辨率"为300像素／英寸，如图11－94和图11－95所示。

知识点链接：

一般的地产DM单要求尺寸不一，单分辨率必须≥300dpi，而且要留出3mm的出血。

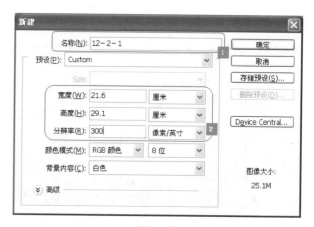

图11－95

3. 单击"图层"面板中的"创建新图层"按钮，得到"图层1"，选择前景色，设置色值为"C56、M51、Y76、K3"，按快捷键Ctrl+Delete，填充颜色，并创建新的辅助线，如图11-96和图11-97所示。

图11-96

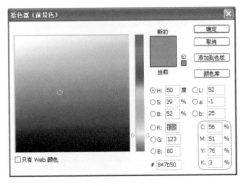

图11-97

知识点链接：

在创建辅助线的时候可以从菜单中选择辅助线的具体位置，也可以按快捷键**Ctrl+R**显示标尺之后，在标尺的位置用鼠标拖出。

4. 将素材图片拖动到当前文件当中，得到"图层2"，按快捷键Ctrl+T沿着辅助线的位置调整图片大小及其位置，如图11-98所示。

5. 选择"文件"→"打开"菜单命令（快捷键Ctrl+O），打开"光盘／素材文件／ch11/11-3-2.jpg"文件，如图11-99所示。

图11-98

图11-99

6. 将素材图片拖动到当前文件中，得到"图层4"，按快捷键Ctrl+T继续沿着辅助线的位置调整图片大小及其位置，选择工具栏中的钢笔工具，在白云的边沿绘制一个半圆路径，将路径转换成选区后，按Delete键删除，如图11-100和图11-101所示。

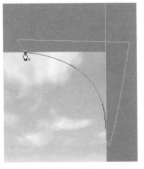

图11-100

图11-101

7. 选择"文件"→"打开"菜单命令（快捷键Ctrl+O），打开"光盘／素材文件/ch11/11-3-3.jpg"文件，如图11-102所示。

图 11-102

8. 将素材图片拖动到文件当中，得到"图层5"，按照同样的方法按快捷键Ctrl+T调整图片大小及其位置，沿着辅助线的位置绘制一个矩形选框，执行"选择"→"反向"菜单命令，按Delete键删除多余部分，如图11-103至图11-105所示。

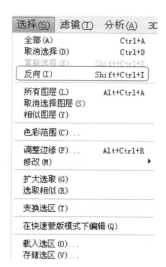

图 11-103

图 11-104

图 11-105

9. 选择工具栏中的文字工具 T 在页面上输入"不仅是蓝天白云"，然后设置文字属性：文字的字体为"汉仪粗宋简"，文字的大小为 75pt，文字的颜色设置为"C82、M44、Y2、K0"，如图11-106至图11-108所示。

图 11-106

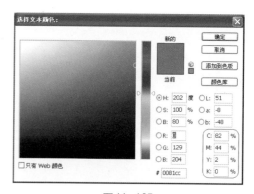

图 11-107

不仅是蓝天白云

图 11-108

10．双击＂图层＂面板中的＂文字＂图层，在弹出的＂图层样式＂对话框中选中＂描边＂复选框，＂大小＂为 5 像素，＂位置＂为＂外部＂，＂混合模式＂为＂正常＂，＂不透明度＂为 100%，颜色设置为＂C0、M0、Y0、K0＂，如图 11-109 至图 11-111 所示。

图 11-109

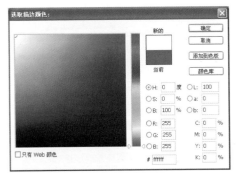

图 11-110

图 11-111

11．按照同样的方法导入素材 logo，如图 11-112 和图 11-113 所示。

图 11-112

图 11-113

12．选择工具栏中的文字工具 T 输入文字，文字的字体为＂汉仪粗宋简＂，文字的颜色分别为白色和＂C60、M100、Y100、K56＂，得到本案例的最终效果，如图 11-114 至图 11-116 所示。

图 11-114

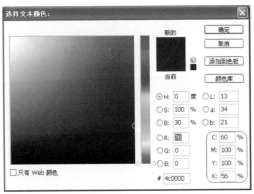

图 11-115

图 11—116

案例小结

本案例色彩严谨，图片与文字的风格统一。在输入文字的时候，文字的颜色和工具栏中的前景色是一致的，图像和文字经过处理后，可以产生各种奇幻的艺术效果，但是不能进行滤镜的处理。如果要进行滤镜效果的制作，可以先把文字进行"栅格化"设置。

第 **12** 章　数码照片的实例应用

12.1　实用商业案例（一）——台历

Photoshop CS4 的功能非常强大，可以将数码照片应用到各种实用物品中。本节将引导读者用数码照片制作台历。

本节案例效果对比图：

案例解析

本例利用Photoshop的"图像模式"、"油漆桶"、"图层样式"等工具和命令来制作台历的效果。

主要制作流程：

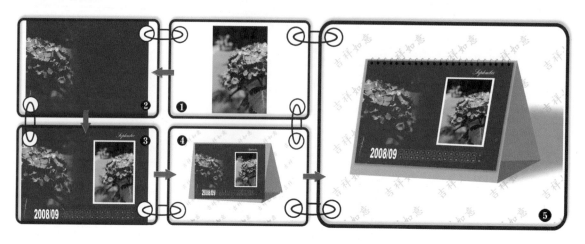

◎ 制作时间：12分钟

◎ 知识重点：图层混合模式　图层顺序　文字工具

◎ 学习难度：★★

操作步骤

1. 选择"文件"→"打开"菜单命令（快捷键Ctrl+O），打开"光盘／素材文件/ch12/12-1-1.jpg"文件，打开的照片如图12-1所示。

图12-1

提示：

打开已有素材文件时，可直接在Photoshop界面的空白处双击鼠标左键，快速打开"打开文件"对话框。

2. 选择"文件"→"新建"菜单命令（快捷键Ctrl+N），在弹出的对话框中设置文件"名称"为12-1-1，"宽度"为25厘米、"高度"为19厘米、"分辨率"为150像素／英寸，"颜色模式"和"背景内容"分别为RGB和"白色"，如图12-2和图12-3所示。

3. 将上一步的图像拖动到新建的文件中，得到一个"图层1"，如图12-4所示。

图12-5

图12-2

图12-3

图12-6

图12-4

图12-7

4. 选择"编辑"→"变换"→"水平翻转"菜单命令，将上一步的图像执行水平翻转，如图12-5和图12-6所示。

5. 选择"图像"→"模式"→"灰度"菜单命令，在弹出的对话框中单击"不拼合"按钮，如图12-7至图12-10所示。

图12-8

图12-9

图12-10

提示：

在将彩色照片变成黑白照片的过程中，方法是多样的，不光可以改变照片的模式为"灰度模式"，如果不改变照片的模式，还可以将照片执行"图像"→"调整"→"去色"菜单命令。

6. 选择"图像"→"模式"→"双色调"菜单命令（如图12-11所示），在弹出的"双色调选项"对话框（如图12-12所示）中，在"油墨1(1)"选项后的色块上单击，在"选择油墨颜色"对话框中设置"C35、M100、Y31、K0"，如图12-13所示。

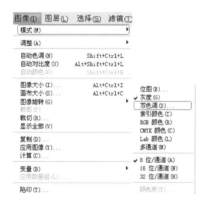

图12-11

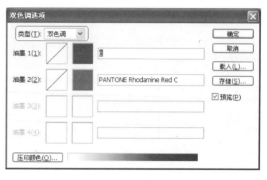

图12-12

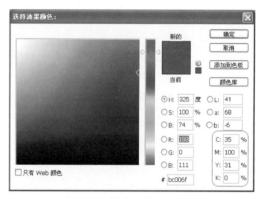

图12-13

7. 选择工具栏中的渐变工具 ，前景色不变 ，选择渐变模式，单击鼠标左键并从右向左拖动鼠标左键，为图层添加渐变效果，如图12-14和图12-15所示。

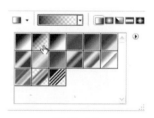

图12-14

图12-15

8. 选择"图像"→"模式"→"RGB 颜色"菜单命令，在弹出的对话框中单击"不拼合"按钮，如图 12-16 和图 12-17 所示。

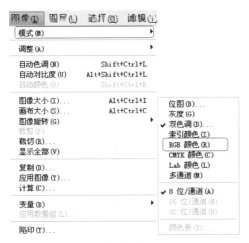

图 12-16

图 12-17

提示：

为了以后单个图层的编辑方便，我们在未完成操作之前一般不用拼合图层。

9. 将第二步的图像拖动到上一步的文件中，得到一个"图层 2"，如图 12-18 和图 12-19 所示。

图 12-18

图 12-19

10. 选择工具栏中的矩形选择工具，沿着图像的边缘绘制一个矩形选框，然后单击"图层"面板下的"创建新图层"按钮，得到一个新的图层为"图层 3"，按 D 键，将前景色设置为白色，为图层填充白色并将其拖动到"图层 2"下面，如图 12-20 和图 12-21 所示。

图 12-20

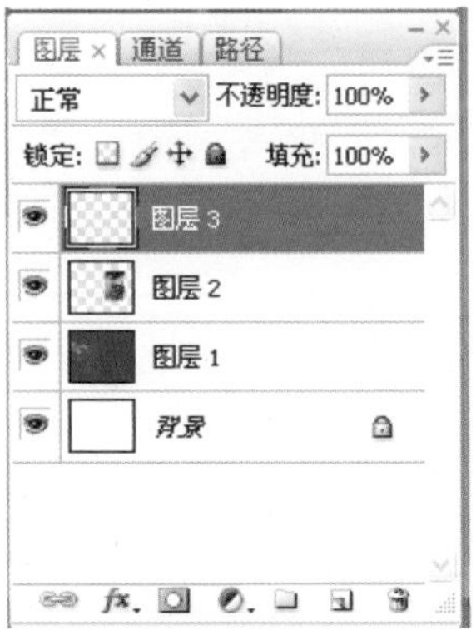

图 12-21

11. 选择"文件"→"打开"菜单命令（快捷键 Ctrl+O），打开"光盘／素材文件／ch12／九月.psd"文件，将其拖动到上一步的文件中，如图 12-22 和图 12-23 所示。

图12—22

图12—23

12．选择工具栏中的文字工具 T ，输入"September"，设置文字颜色为白色，如图12—24和图12—25所示。

图12—24

图12—25

13．选择工具栏中的文字工具 T ，输入"2008/09"，设置文字颜色为白色，字体为Arial Black，按快捷键Ctrl+T调整大小及其长短，然后按快捷键Ctrl+E合并所有图层，如图12—26至图12—29所示。

图12—26

图12—27

图12—28

图12—29

14．选择"文件"→"新建"菜单命令（快捷键Ctrl+N），在弹出的对话框中设置文件"名称"为"台历"，"宽度"为25厘米，"高度"为19厘米，"分辨率"为150像素／英寸，如图12—30和图12—31所示。

图12—30

图12-31

15. 选中"图层"面板中的"背景"图层,单击工具箱中的文字按钮,然后在"背景"图层中输入"吉祥如意",字体、字号、颜色根据自己的爱好可以随意设置,在设置完成后会自动生成一个名为"吉祥如意"的文字图层,如图12-32和图12-33所示。

图12-32

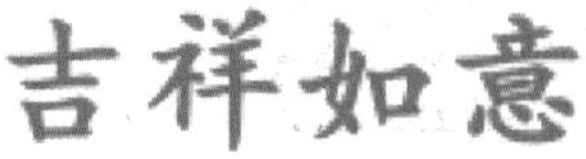

图12-33

16. 选中刚刚输入的文字,选择"编辑"→"变换"→"旋转"菜单命令,进入旋转编辑状态,将其旋转一个角度,再按键盘中的Enter键确认旋转操作,如图12-34所示。

图12-34

17. 选择工具箱中的矩形选框工具,选中刚刚编辑的文字,再单击"编辑"→"定义图案"命令,弹出"图案名称"对话框,在其中输入图案"名称"为"吉祥如意",单击"确定"按钮,如图12-35和图12-36所示。

图12-35

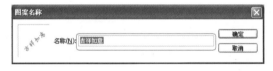

图12-36

18. 在"图层"面板中右击"吉祥如意"文字图层,在出现的快捷菜单中选择"删除图层"命令或将该图层直接拖至"图层"面板中的删除图层按钮上将该图层删除,然后选中"背景"图层,按快捷键Ctrl+A,将该图层全部选中。选择"编辑"→"填充"菜单命令,弹出"填充"对话框,在"使用"下拉列表中选择"图案"项,这时"自定图案"项被激活,在其下拉列表中选中刚刚定义的"吉祥如意"图案,然后单击"确定"按钮,如图12-37和图12-38所示。

图12-37

图12—38

图12—41

19．在"图层"面板中单击"吉祥如意"文字
的"图层1"，将其"不透明度"设置为35%，如图
12—39和图12—40所示。

图12—39

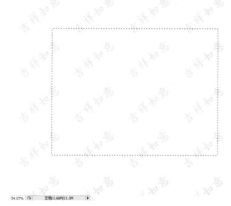

图12—42

图12—43

图12—40

20．在"图层"面板中单击右下角的"创建新
图层"按钮，得到"图层2"，选择工具箱中的矩形
选框工具，绘制一个矩形选框。将其填充颜色，颜
色为"C0、M0、Y0、K50"，如图12—41至图
12—44所示。

图12—44

21. 选中刚刚绘制的矩形，选择"编辑"→"变换"→"旋转"菜单命令，进入调整编辑状态，然后按Ctrl键调整为平行四边形，再按键盘中的Enter键确认旋转操作，如图12-45所示。

图12-45

22. 选择工具箱中的多边形套索工具，勾画一个三角形，填充颜色为"C54、M45、Y43、K0"，单击"确定"按钮，如图12-46和图12-47所示。

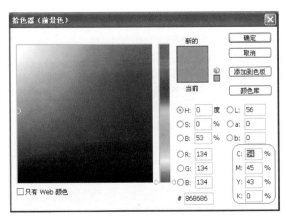

图12-46

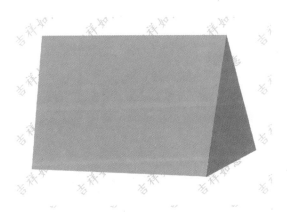

图12-47

23. 选择工具箱中的多边形套索工具，勾画一个小三角形，填充颜色为"C0、M0、Y0、K80"，单击"确定"按钮，如图12-48和图12-49所示。

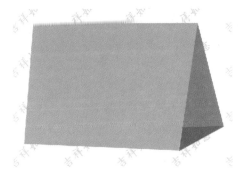

图12-48

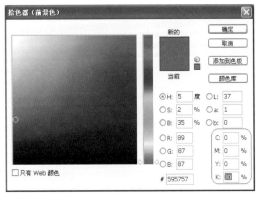

图12-49

24. 将制作好的台历页面拖动到"台历"文件中，得到"图层5"，选择"编辑"→"变换"→"旋转"菜单命令，进入调整编辑状态，然后按Ctrl键调整为平行四边形，再按键盘中的Enter键确认旋转操作，图12-50和图12-51所示。

图12-50

图 12-51

25. 双击"图层5"，在弹出的"图层样式"对话框中选择"混合模式"为"正常"，在"样式"中选中"投影"复选框，如图12-52和图12-53所示。

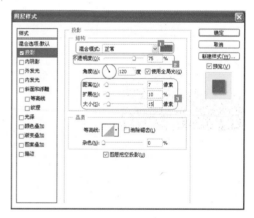

图 12-52

图 12-53

26. 使用工具箱中的缩放工具将画面放大，这样便于进行编辑。选择工具箱中的椭圆形选框工具，按住Shift键绘制一个圆形选框。选择"编辑"

→"填充"菜单命令，在弹出对话框的"使用"栏中设置为"黑色"，单击"确定"按钮，将选中的矩形区域填充为黑色，如图12-54所示。

图 12-54

27. 继续选择工具箱中的椭圆形选框工具，绘制一个椭圆形选框。选择"编辑"→"描边"菜单命令，在弹出对话框的"描边"栏中设置"颜色"为黑色，"宽度"为1，单击"确定"按钮，如图12-55至图12-57所示。

图 12-55

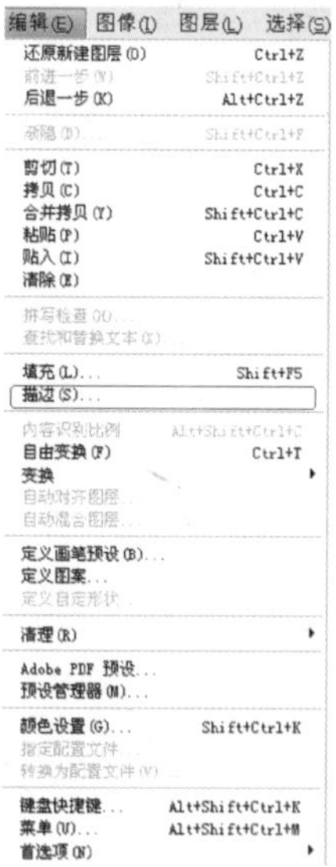

图 12-56

图12-57

28. 按住Alt键拖动"图层7"复制多个，得到台历的扣环部分，如图12-58所示。

图12-58

29. 为了使效果图看着更加逼真，我们不妨为台历添加一个阴影。新建一个图层，选择工具箱中的多边形套索工具 ，勾画一个不规则图形，填充颜色为"C52、M41、Y36、K0"，单击"确定"按钮，并拖动图层到"图层2"下面，如图12-59和图12-60所示。

图12-59

图12-60

30. 选择"滤镜"→"模糊"→"高斯模糊"菜单命令，在弹出对话框中设置"半径"为25像素，单击"确定"按钮，如图12-61和图12-62所示。

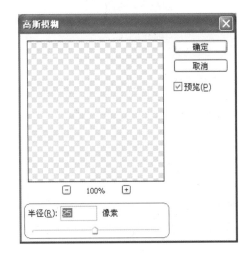

图12-61

图12-62

案例小结

　　本案例色彩鲜明，为了形成呼应，将主体照片去色之后添加了单色；为了视觉上的冲击力，为文件添加立体效果之后添加阴影。使用文字工具可在页面中进行文字的输入与编辑。使用时，先在图像中单击，出现闪动的光标后再输入文字。要进行文字属性的编辑，用文字工具在上面拖动，将文字选取，再在属性栏或"字符"面板中进行编辑。

12.2　实用商业案例（二）——邮票

　　本实例使用橡皮擦工具、标尺以及辅助线等工具和命令来制作邮票的数码照片效果。
　　本节案例效果对比图：

案例解析

　　为了赋予数码照片收藏价值，利用 Photoshop 的强大功能将其制作成邮票的形式更加便于收藏。

主要制作流程：

◎ 制作时间：12分钟

◎ 知识重点：橡皮擦工具　标尺与辅助线

◎ 学习难度：★★

操作步骤

1. 选择"文件"→"打开"菜单命令（快捷键 Ctrl+O），打开"光盘／素材文件/ch012/12-2-1. jpg"文件，如图12-63所示。

图12-63

2. 选择"图层"面板，在"背景"图层上面双击，在弹出的对话框中单击"确定"按钮，该层就由背景层变为普通层了，得到了"图层0"。如图 12-64和图12-65所示。

提示：

这里的"图层0"可以随意命名。

图12-64

图12-65

3. 选择"图层"面板，单击"图层"面板下的"创建新图层"按钮，得到了"图层1"，将其拖动到"图层0"下方，并填充颜色，色值为"C88、M45、Y90、K7"，如图12-66和图12-67所示。

图12-66

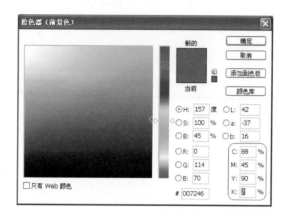

图 12-67

4. 选择"图像"→"画布大小"菜单命令，在弹出对话框中设置"宽度"为 20 厘米，"高度"为 27 厘米，单击"确定"按钮，如图 12-68 至图 12-70 所示。

图 12-68

图 12-69

图 12-70

5. 按快捷键 Ctrl+R 显示标尺，在标尺位置拖动鼠标左键，拖出四条辅助线，选择工具箱中的矩形选框工具，绘制两个矩形选框，如图 12-71 所示。

图 12-71

6. 将矩形框填充颜色，颜色为"C0、M0、Y0、K0"，如图 12-72 所示。

图 12-72

7. 选择工具箱中的橡皮擦工具 ，在橡皮的画笔栏里面，选择画笔笔尖形状，先设置直径，这里我们选用橡皮的"直径"为45px。然后设置硬度。由于不需要变淡的效果，这里把"硬度"设置为100%。最后就是关键的一点了，选择"间距"为150%，可以看出制作齿孔的工具已经出现了，如图12-73所示。

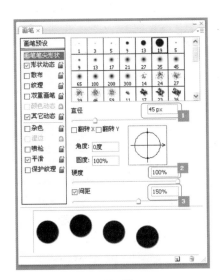

图12-73

提示：

这里设置的直径就是我们要作出来的齿孔的直径，直径的大小和要选取的图像是有一定比例的，太大或者太小都会使整个图像的真实感降低。具体多大你可以尝试，看看哪个直径能达到更好的视觉效果。

8. 选择工具箱中的橡皮擦工具 ，按住Shift键的同时按着辅助线的边缘在"图层1"上拖动鼠标左键，继续绘制其余三条边，如图12-74和图12-75所示。

图12-74

图12-75

9. 双击"图层"面板上的"图层1"图层，在弹出的对话框中选中"投影"复选框，选择"混合模式"为"正常"，"距离"为12像素，"扩散"为5%，"大小"为12像素，如图12-76和图12-77所示。

图12-76

图12-77

10. 选择工具栏中的文字工具 T，在画面左上方输入"80分"，设置文字颜色为黑色，字体为"汉仪中宋简"，文字大小为"36点"，如图12-78至图12-80所示。

图12-78

图12-81

图12-79

图12-82

图12-80

图12-83

11. 继续选择工具栏中的文字工具 T，输入"中国邮政"，设置文字颜色为黑色，字体为"汉仪中黑简"，文字大小为"25点"，如图12-81至图12-83所示。

12. 执行"文件"→"储存为"菜单命令，弹出对话框，设置文件格式为".psd"，然后单击"确定"按钮，就完成了此案例，如图12-84所示。

图12—84

案例小结

　　本案例可以选择一个或多个图层以便在上面工作。对于某些活动（如绘画以及调整颜色和色调），一次只能在一个图层上工作。单个选定的图层称为现用图层。现用图层的名称将出现在文档窗口的标题栏中。对于其他活动（如移动、对齐、变换或应用"样式"面板中的样式），则可以一次选择并处理多个图层。可以在"图层"面板中选择图层，也可以使用移动工具选择图层。

12.3　实用商业案例（三）——明信片

　　本实例使用路径工具、标尺以及辅助线等工具和命令来制作明信片的数码照片效果。

案例解析

如果把自己的照片做成明信片的效果邮寄给远方的朋友，那么其效果肯定是令人心怀感激之情的同时又不少一份惊喜。

主要制作流程：

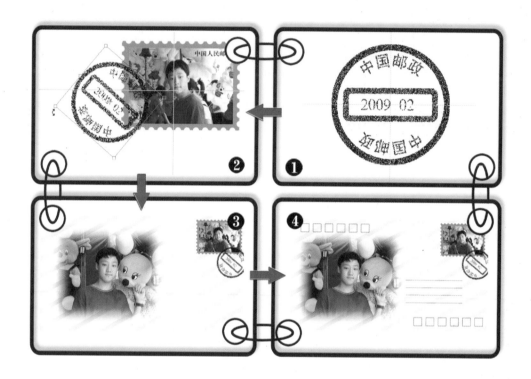

◎ 制作时间：15 分钟

◎ 知识重点：橡皮擦工具　标尺与辅助线　画笔工具

◎ 学习难度：★★☆

操作步骤

1. 选择"文件"→"打开"菜单命令（快捷键Ctrl+O），打开"光盘／素材文件/ch012/"文件夹下的12-3-1.jpg和12-3-2.jpg文件，打开的照片如图12-85和图12-86所示。

2. 选择"文件"→"新建"菜单命令（快捷键Ctrl+N），在弹出的对话框中设置文件"名称"为"明信片"、"宽度"为18.5厘米、"高度"为10.2厘米、"分辨率"为300像素／英寸，"颜色模式"和"背景内容"分别为RGB和"白色"，如图12-87所示。

图12-85

图12-86

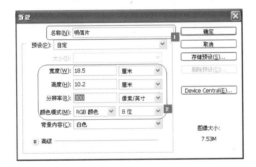

图12-87

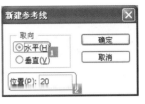

图12-89

图12-90

4．选择工具箱中的椭圆形选框工具 ，将光标放在辅助线的交叉处，按快捷键Shift+Ctrl绘制一个圆形的选框，单击"图层"面板下的"创建新图层"按钮，得到一个"图层1"，如图12-91和图12-92所示。

图12-91

提示：

文件名称可根据个人的习惯和要求进行自定义的设置。

设置文件大小的默认单位一般为"像素"，也可更改为cm、mm等。

3．选择"视图"→"新建参考线"菜单命令，在弹出的对话框中进行设置，如图12-88至图12-90所示。

图12-88

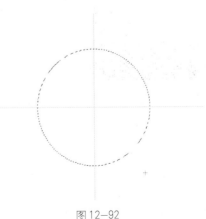

图12-92

5．选择"编辑"→"描边"菜单命令，在弹出的对话框中设置"宽度"为15px，并且设置颜色为"C0、M0、Y0、K100"，如图12-93至图12-95所示。

图12-93

图12-94

图12-95

6．双击"图层"面板中的"图层1"，在弹出的"图层样式"对话框中选择"混合模式"为"溶解"，"不透明度"为90%，"填充不透明度"设置为80%，如图12-96所示。

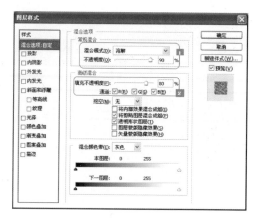

图12-96

7．选择"路径"面板，单击下方的"创建新路径"按钮，得到一个新的路径"路径1"，继续选择工具栏中的圆角矩形工具，在标尺位置绘制一个矩形选框，转换到"图层"面板，新建一个图层，得到"图层2"，如图12-97至图12-99所示。

图12-97

图12-98

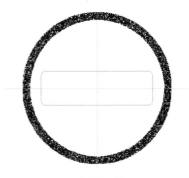

图 12—99

8．将上一步的路径转换为选区，选择″编辑″→″描边″菜单命令，在弹出的对话框中设置″宽度″为15px，并且设置颜色为″C0、M0、Y0、K100″，如图 12—100 所示。

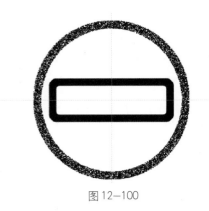

图 12—100

9．双击″图层″面板中的″图层2″，在弹出的″图层样式″对话框中选择″混合模式″为″溶解″，″不透明度″和″填充不透明度″均为80%，效果如图 12—101 所示。

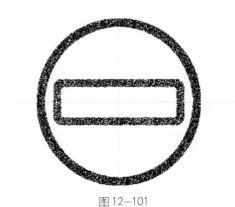

图 12—101

10．选择″图层″面板，单击″图层″面板下的″创建新图层″按钮，得到一个图层″图层3″。

选择工具栏中的钢笔工具，在上一步圆形框的内部绘制半圆形路径，继续选择工具栏中的文字工具，将光标放在半圆路径上，输入文字″中国邮政″，设置字体为″汉仪中黑简″，字号为″10点″如图 12—102 至图 12—105 所示。

图 12—102

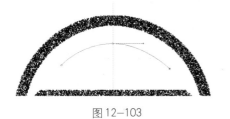

图 12—103

图 12—104

图 12—105

11．将″图层3″拖动到″图层″面板下的″创建新图层″按钮，得到一个副本，选择″编辑″→″变换″→″旋转180度″命令，如图 12—106 和图 12—107 所示。

图 12—106

13. 按住 Shift 键，同时选中"图层"面板上面的三个图层，然后按快捷键 Ctrl+E 将三个图层组合，得到一个新的图层"2009 02"，如图 12—110 至图 12—112 所示。

图 12—110

图 12—107

12. 选择工具栏中的文字工具 T.，将光标放在半圆路径上，输入文字"2009 02"，设置字体为"汉仪中宋简"，字号为"10 点"，颜色为"C0、M0、Y0、K100"，如图 12—108 和图 12—109 所示。

图 12—111

图 12—108

图 12—112

14. 选择"图层"面板，单击右上角的"三角"，在下拉菜单中选择"新建组"，在弹出的对话框中设置"名称"为"邮戳"，并设置"颜色"为"红色"，得到一个新的图层组，如图 12—113 至图 12—115 所示。

图 12—109

图 12-113

图 12-114

图 12-115

15．选择"图层"面板，单击右上角的"三角"，在下拉菜单中选择"新建组"，在弹出的对话框中设置"名称"为"邮票"，并设置"颜色"为"黄色"，得到另一个新的图层组，如图 12-116 所示。

图 12-116

16．将素材图片拖动的 12-3-1 文件中，得到一个图层"图层3"，如图 12-117 和图 12-118 所示。

图 12-117

图 12-118

17．选择工具箱中的矩形选框工具，沿着素材图片绘制一个矩形选框，并填充颜色，色值为"C68、M31、Y37、K0"，如图 12-119 和图 12-120 所示。

图 12-119

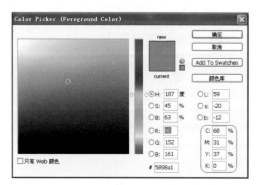

图 12-120

18．选择工具箱中的橡皮擦工具 ，按住Shift
键在图像边缘上拖动鼠标左键，具体方法上参见上
一个案例，如图12-121至图12-123所示。

图12-121

图12-122

图12-123

19．同样按照上一个案例的方法输入文字。之
后选择"邮戳"图层组，按快捷键Ctrl+T，选择适
当角度，如图12-124和图12-125所示。

图12-124

图12-125

知识点链接：

在使用"自由变换"命令时，鼠标放在边
框上可以调整大小，鼠标放在边框外可以旋转
角度，鼠标放在边框内可以调整旋转中心点的
位置。

20．选择工具箱中的自定义形状工具 ，在属
性栏中选择形状，新建一个图层绘制图像，单击"路
径"面板下的"将路径转换为选区"按钮，将其转
换为选区，并填充颜色，颜色设置为"C0、M0、Y0、
K20"，如图12-126至图12-128所示。

图12-126

图12-127

图12-128

图12-131

21．选择"图层"面板，选中"明信片"图层组，按快捷键Ctrl+［放置在最下面，如图12-129和图12-130所示。

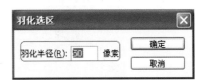

图12-132

23．将上一步的图形拖动到12-3-1.psd文件中，适当调整位置，如图12-133所示。

图12-129

图12-133

24．选择工具栏中的矩形选框工具，按住Shift键的同时在页面中间绘制一个正方形选框，新建一个图层"图层7"，然后选择"编辑"→"描边"菜单命令，在弹出的对话框中设置"羽化半径"值为3像素，颜色设置为"C0、M0、Y0、K100"，如图12-134至图12-136所示。

图12-130

22．选择12-3-2.jpg文件，选择工具栏中的矩形选框工具，在页面中间绘制一个矩形选框，然后按快捷键Shift+F6，在弹出的对话框中设置"羽化半径"值为50像素，如图12-131和图12-132所示。

图12-134

图12-135

图12-136

25．复制5个"图层7"，得到5个副本，同时选中6个图层，并将其合并，进行"对齐"操作，如图12-137和图12-138所示。

图12-137

图12-138

26．选择工具栏中的画笔工具，属性如图12-139所示。绘制若干条直线，完成此案例，如图12-140所示。

图12-139

图12-140

案例小结

此案例延续本章前一节的案例，在把照片做成邮票的基础上升级为明信片，两者在操作方法上有相同之处，为了操作简单、思绪清楚，我们在具体的制作过程中将若干个图层建立一个图层组，这样更便于观察，也使得更改起来更加方便。

第 13 章　数码照片在版式中的应用

13.1　版式商业应用案例（一）——美容杂志

Photoshop 不仅可以处理图像，而且可以处理文字，那么其在版式中的应用也是相当广泛的。
本节案例效果对比图：

案例解析

　　一切美的事物都令人向往，在经济高速发展的当今社会，各大美容院、美容报纸和杂志，已不
是高贵的象征了，它们越来越在普通人中普及。接下来我们就利用 Photoshop CS4 来制作一页美容杂
志的版式。

主要制作流程：

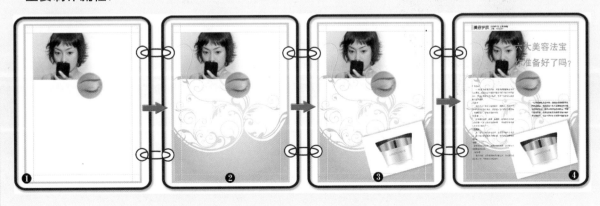

◎ 制作时间：15分钟

◎ 知识重点：图层蒙版　文字工具

◎ 学习难度：★★★

操作步骤

1. 选择"文件"→"打开"菜单命令（快捷键 Ctrl+O），打开"光盘／素材义件／ch13／13-1-1．jpg"文件，如图13-1和图13-2所示。

文件(F) 编辑(E) 图像(I) 图层(L) 选择(S) 滤镜	
新建(N)…	Ctrl+N
打开(O)…	Ctrl+O
在 Bridge 中浏览(B)…	Alt+Ctrl+O
打开为(O)…	Alt+Shift+Ctrl+O
打开为智能对象…	
最近打开文件(T)	▶
共享我的屏幕…	
Device Central…	
关闭(C)	Ctrl+W
关闭全部	Alt+Ctrl+W
关闭并转到 Bridge…	Shift+Ctrl+W
存储(S)	Ctrl+S
存储为(A)…	Shift+Ctrl+S
签入…	
存储为 Web 和设备所用格式(D)…	Alt+Shift+Ctrl+S
恢复(V)	F12
置入(L)…	
导入(M)	▶
导出(E)	▶
自动(U)	▶
脚本	▶
文件简介(F)…	Alt+Shift+Ctrl+I
页面设置(G)…	Shift+Ctrl+P
打印(P)…	Ctrl+P
打印一份(Y)…	Alt+Shift+Ctrl+P
退出(X)	Ctrl+Q

图13-1

图13-2

2. 执行"图像"→"自动色调"菜单命令和"图像"→"自动对比度"菜单命令，如图13-3和图13-4所示。

图像(I) 图层(L) 选择(S) 滤镜	
模式(M)	▶
调整(A)	▶
自动色调(N)	Shift+Ctrl+L
自动对比度(U)	Alt+Shift+Ctrl+L
自动颜色(O)	Shift+Ctrl+B
图像大小(I)…	Alt+Ctrl+I
画布大小(S)…	Alt+Ctrl+C
图像旋转(G)	▶
裁剪(P)	
裁切(R)…	
显示全部(V)	
复制(D)…	
应用图像(Y)…	
计算(C)…	
变量(B)	▶
应用数据组(L)…	
陷印(T)…	

图13-3

图像(I) 图层(L) 选择(S) 滤镜	
模式(M)	▶
调整(A)	▶
自动色调(N)	Shift+Ctrl+L
自动对比度(U)	Alt+Shift+Ctrl+L
自动颜色(O)	Shift+Ctrl+B
图像大小(I)…	Alt+Ctrl+I
画布大小(S)…	Alt+Ctrl+C
图像旋转(G)	▶
裁剪(P)	
裁切(R)…	
显示全部(V)	
复制(D)…	
应用图像(Y)…	
计算(C)…	
变量(B)	▶
应用数据组(L)…	
陷印(T)…	

图13-4

3. 执行"文件"→"新建"命令，在弹出的"新建"对话框中设置文件"名称"为13-1，并设置其"宽度"为21.6厘米，"高度"为29.1厘米，"分辨率"为300像素／英寸，"颜色模式"为"RGB颜色"，如图13-5所示。

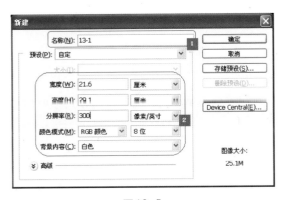

图13-5

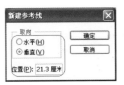

图13-9

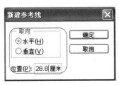

图13-10

4. 执行"视图"→"新建参考线"菜单命令，新建四条参考线，如图13-6至图13-10所示。

图13-6

5. 将素材图片拖动到13-1-1.psd文件中，选择工具栏中的移动工具，单击并拖动鼠标左键到参考线的位置，如图13-11所示。

图13-11

6. 单击"图层"面板下的"创建图层蒙版"按钮，为"图层1"添加一个蒙版，然后选择工具栏中的渐变工具，在"图层2"页面上单击并拖动鼠标左键，添加渐变效果，如图13-12至图13-15所示。

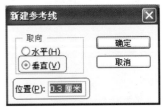

图13-7

图13-8

图13-12

图 13-13

图 13-14

图 13-15

图 13-16

图 13-17

图 13-18

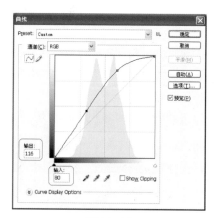

图 13-19

7. 选择"文件"→"打开"菜单命令（快捷键 Ctrl+O），打开"光盘／素材文件/ch13/13-1-1. jpg"文件，如图 13-16 和图 13-17 所示。

8. 执行"图像"→"调整"→"曲线"菜单命令，在弹出的对话框中设置"输出"为116，"输入"为80，如图 13-18 和图 13-19 所示。

9．执行＂图像＂→＂图像大小＂菜单命令，在弹出的对话框中设置＂宽度＂为10厘米，勾选＂约束比例＂复选框，得到调整大小之后的文件，如图13-20和图13-21所示。

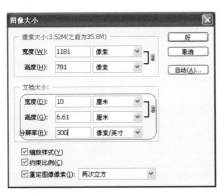

图13-20

图13-21

10．之后将其拖动到13-1-1.psd文件中，执行＂编辑＂→＂自由变换＂菜单命令（快捷键Ctrl+T），在按住Shift键的同时拖动变换框控制点，调整人物图像适合文件大小，如图13-22所示。

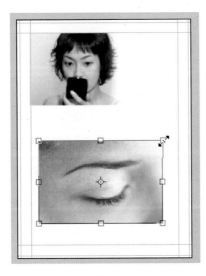

图13-22

11．选择工具栏中的椭圆形选框工具，按快捷键Alt+Shift，单击并拖动鼠标左键，在中间绘制一个圆形选框，之后执行＂选择＂→＂反向＂菜单命令，按Delete键删除多余部分，如图13-23和图13-24所示。

图13-23

图13-24

12．执行＂编辑＂→＂描边＂菜单命令，或者执行＂图层＂→＂图层样式＂→＂描边＂菜单命令，在弹出的对话框中设置颜色为＂C0、M40、Y0、K0＂，＂宽度＂为20px，＂位置＂为＂居中＂，如图13-25至图13-28所示。

图13-25

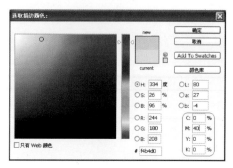

图 13-26

图 13-27

图 13-28

13. 选择"文件"→"打开"菜单命令 (快捷键 Ctrl+O), 打开"光盘 / 素材文件 /ch13/13-1-3.jpg" 文件, 如图 13-29 和图 13-30 所示。

图 13-29

图 13-30

14. 将其拖动到 13-1-1.psd 文件中, 得到一个新的图层, 执行"编辑"→"自由变换"菜单命令 (快捷键 Ctrl+T), 在按住 Shift 键的同时拖动变换框控制点, 调整人物图像适合文件大小, 如图 13-31 所示。

图 13-31

15. 执行"图层"→"图层样式"→"投影"菜单命令, 在弹出的对话框中设置"混合模式"为"正常", 如图 13-32 和图 13-33 所示。

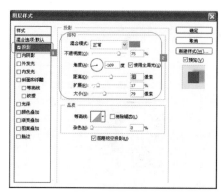

图 13-32

图 13-33

16. 执行 "编辑" → "自由变换" 菜单命令 (快捷键Ctrl+T)，拖动变换旋转点，调整人物图像适合文件角度，如图13-34所示。

图13-34

17. 选择素材图片中的 "底纹.ai" 文件，打开之后在拖动文件的过程中，按住Shift键拖动变换框控制点，调整人物图像适合文件大小，如图13-35和图13-36所示。

图13-35

图13-36

18. 按快捷键Ctrl+[将底纹图层移动到图层最底端，如图13-37所示。

图13-37

19. 选择工具栏中的文字工具 T，输入标题文字，如图13-38所示。

六大美容法宝
你准备好了吗?

图13-38

20. 选择文字工具将文字选取，然后执行 "窗口" → "字符" 菜单命令，打开 "字符" 面板，设置文字字体为 "汉仪中黑简"，大小为 "48点"，颜色设置为 "C38、M33、Y97、K0"，如图13-39至图13-42所示。

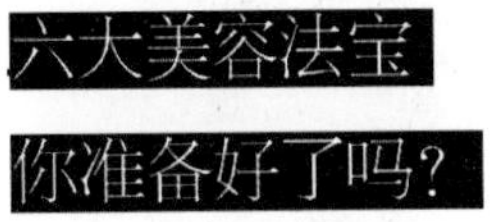

六大美容法宝
你准备好了吗?

图13-39

图13-40

选择文本颜色:
新的
确定
取消
添加到色板
当前
颜色库
H: 54 度
S: 85 %
B: 71 %
R: 182
G: 166
B: 26
L: 68
a: -4
b: 65
C: 38 %
M: 33 %
Y: 97 %
K: 0 %
b6a61a
只有 Web 颜色

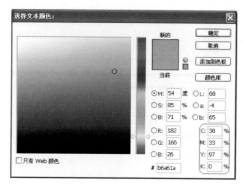

图 13—41

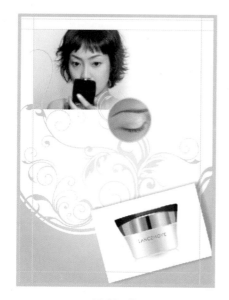

图 13—42

21. 继续粘贴素材文件中的"txt"文档，得到正文部分，如图 13—43 和图 13—44 所示。

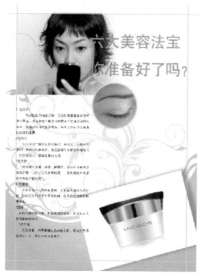

大美容法宝
准备好了吗?

图 13—43

大美容法宝
准备好了吗?

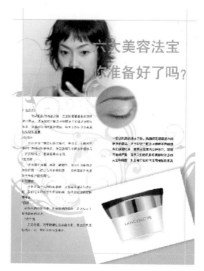

图 13—44

22. 选择工具栏中的矩形选框工具沿着文字的边缘勾勒一个矩形选框，并进行描边，如图 13—45 至图 13—48 所示。

图层
通道
路径
正常
不透明度: 100%
锁定:
填充: 100%
图层 4
一切从肌肤的清洁...
六大美容法宝 你准...
图层 5
1 洗面奶 一切...
图层 3

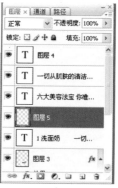

图 13—45

一切从肌肤的清洁开始，洗面奶是最最基本的
护肤必需品，洗面奶这个概念还根据不同的情
况包括卸妆水、营养水等清洁型护肤品。环境
污染的严重，每天我们的肌肤都要接触许多的
灰尘和细菌，加上电子化时代使用电脑的普及

图 13—46

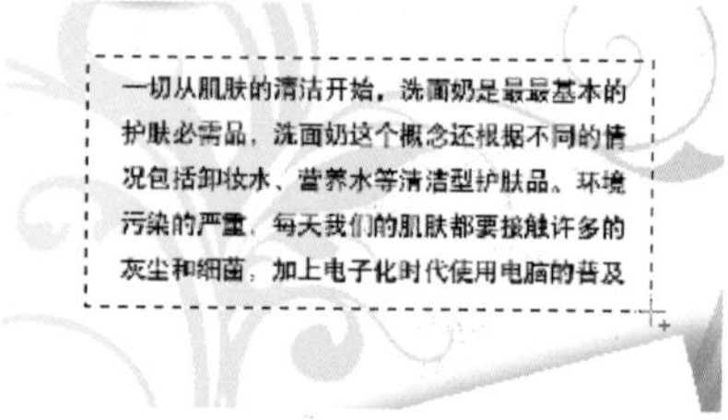

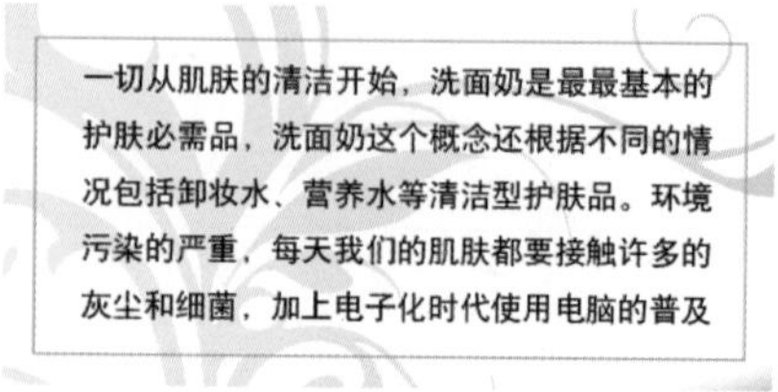

一切从肌肤的清洁开始，洗面奶是最最基本的
护肤必需品，洗面奶这个概念还根据不同的情
况包括卸妆水、营养水等清洁型护肤品。环境
污染的严重，每天我们的肌肤都要接触许多的
灰尘和细菌，加上电子化时代使用电脑的普及

图 13—47

图13-48

图13-51

23．继续选择工具栏中的文字工具 T 输入文字，并设置文字属性，完成此案例的操作，如图13-49至图13-51所示。

2008年6月 总第188期
主编：xiaoamy

图13-49

图13-50

案例小结

使用文字工具可在页面中进行文字的输入与编辑，在使用时，先在页面中单击，出现闪动的光标后方可输入文字。在进行文字的属性编辑时，用文字工具在文字上拖动，将文字选取，再在属性栏或"字符"面板中进行编辑。

13.2 版式商业应用案例（二）——科普读物

对于科普读物来讲也需要对文字进行效果处理。

在利用Photoshop进行科普读物的排版制作时，可以对文字执行各种操作来更改其外观。例如，可以使文字变形、将文字转换为各种不同形状或将文字添加投影以及各种不同的样式。创建文字效果最简单的方法之一是在文字图层上利用Photoshop附带的默认"文本效果"动作来迅速实现这些效果。

本节案例效果对比图：

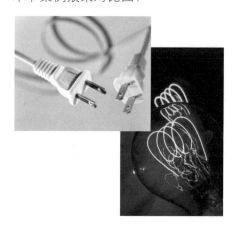 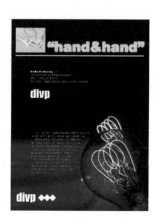

案例解析

对于科普读物来讲，给人的第一感觉应该是严谨庄重的，那么我们在用Photoshop CS4制作科普读物的版式时，就应该强调用色和字体的庄重感。

主要制作流程：

◎ 制作时间：15分钟

◎ 知识重点：图层蒙版　去色命令　文字工具

◎ 学习难度：★★★

操作步骤

1. 选择"文件"→"打开"菜单命令（快捷键Ctrl+O），打开"光盘／素材文件/ch13/13-1-1.jpg"文件，如图13-52和图13-53所示。

图13-52

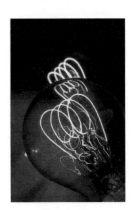

图13-53

2. 执行"图像"→"调整"→"自动色阶"菜单命令和"图像"→"调整"→"自动对比度"菜单命令，如图13-54和图13-55所示。

图13-54

图13-55

3. 执行"文件"→"新建"菜单命令，在弹出的"新建"对话框中设置文件"名称"为13-2，如图13-56和图13-57所示。

图13-56

图13-57

4. 执行"视图"→"新建参考线"菜单命令，新建四条参考线，如图13-58至图13-62所示。

图 13-58

充为黑色，将素材图片拖动到 13-2-1.psd 文件中，选择工具栏中的移动工具，单击鼠标左键将图像拖动到如图 13-63 所示的位置。

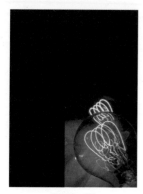

图 13-63

6. 单击"图层"面板下的"创建图层蒙版"按钮，为"图层 2"添加一个蒙版，然后选择工具栏中的渐变工具，在"图层 2"页面上单击并拖动鼠标左键，添加渐变效果，如图 13-64 至图 13-66 所示。

图 13-59

图 13-60

图 13-64

图 13-61

图 13-62

5. 选择"图层"面板，单击"图层"面板下面的"创建新图层"按钮，得到"图层 1"，将前景色设置为黑色，按快捷键 Alt+Delete 将"图层 1"填

图 13-65

图13-66

图13-69

7. 选择"文件"→"打开"菜单命令（快捷键Ctrl+O），打开"光盘／素材文件/ch13/13-2-1.jpg"文件，如图13-67和图13-68所示。

图13-70

图13-67

图13-68

8. 执行"图像"→"调整"→"去色"菜单命令，如图13-69和图13-70所示。

9. 执行"图像"→"图像大小"菜单命令，在弹出的对话框中设置"宽度"为15厘米，勾选"约束比例"复选框（如图13-71所示），得到调整大小之后的文件。

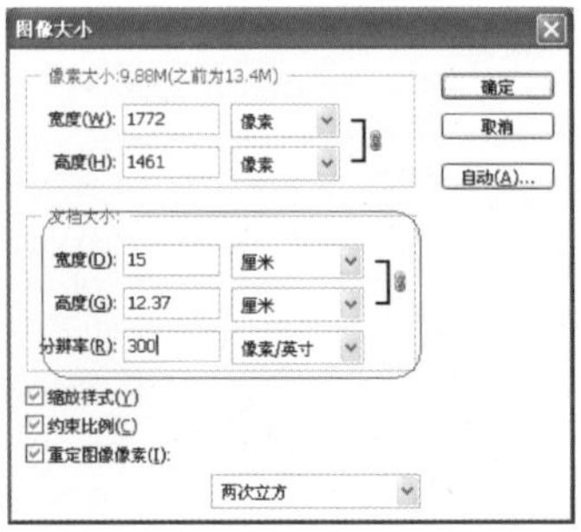

图13-71

10. 之后将其拖动到13-2.psd文件中，执行"编辑"→"自由变换"菜单命令（快捷键Ctrl+T），在按住Shift键的同时拖动变换框控制点，调整人物图像适合文件大小，如图13-72和图13-73所示。

图13-72

图13-73

图13-77

11．选择工具栏中的文字工具 T，输入标题文字，如图13-74所示。

"hand&hand"

图13-74

13．继续粘贴素材文件中的txt文档，得到小标题部分，如图13-78所示。

12．选择文字工具将文字刷取，然后执行"窗口"→"字符"菜单命令，打开"字符"面板，设置文字字体为 Arial Black，大小为"58点"，字体的颜色为"C25、M19、Y18、K0"，如图13-75至图13-77所示。

图13-78

图13-75

14．继续选择工具栏中的文字工具 T，输入文字"divp"，设置颜色仍然为白色，如图13-79和图13-80所示。

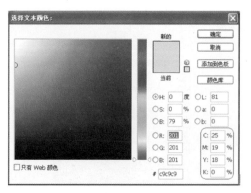

图13-76

图13-79

图 13—80

图 13—84

15. 选择工具栏中的多边形工具，绘制四边形并复制两个，这时打开"路径"面板，单击下面的"将路径作为选区载入"按钮，设置前景色仍然为白色，然后按快捷键 Alt+Delete 填充白色，如图 13—81 和图 13—82 所示。

图 13—81

图 13—82

16. 继续选择工具栏中的文字工具，输入文字，设置颜色仍然为白色，如图 13—83 和图 13—84 所示，得到本案例的最终效果如图 13—85 所示。

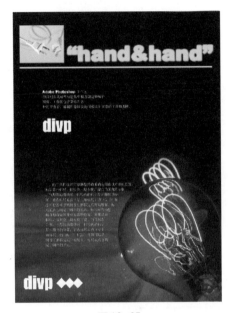

图 13—85

图 13—83

案例小结

本案例色彩突出，为了体现科普类读物的特点，将背景颜色设置为黑色，更增加了神秘感，在文字的排版上也突出了主题，在整体上得到呼应。

13.3   版式商业应用案例（二）——时尚杂志

在运用Photoshop做时尚杂志的时候，免不了抠图，抠图的方法我们在前面章节已经介绍过几种，接下来介绍另一种抠图的方法。

本节案例效果对比图：

案例解析

对于边缘整齐、色彩对比强烈的图片，可以用Photoshop的魔棒、路径或者磁性套索工具进行抠图处理。但是对于长发飘飘或者有类似飘飘头发的照片，最好使用通道抠图法。通道抠图法的重点是运用图片自身通道信息来选择所需要抠取的部分。

主要制作流程：

◎ 制作时间：15分钟

◎ 知识重点：通道　图案填充　文字工具

◎ 学习难度：★★★

操作步骤

1. 选择"文件"→"打开"菜单命令（快捷键 Ctrl+O），打开"光盘／素材文件/ch13/13-3-1. jpg"文件，将"背景"层拖动到"图层"面板下方的"创建新图层"按钮，得到"背景 副本"，如图 13-86和图13-87所示。

图13-86

图13-87

2. 选择"背景 副本"层，选择工具栏中的磁性套索工具 📎，单击并移动鼠标左键，勾勒人物的皮肤部分，如图13-88和图13-89所示。

图13-88

图13-89

3. 选择"选择"→"修改"→"羽化"菜单命令，或者按快捷键Shift+F6，如图13-90所示，在弹出的"羽化选区"对话框中，设置"羽化半径"为 5像素，如图13-91和图13-92所示。

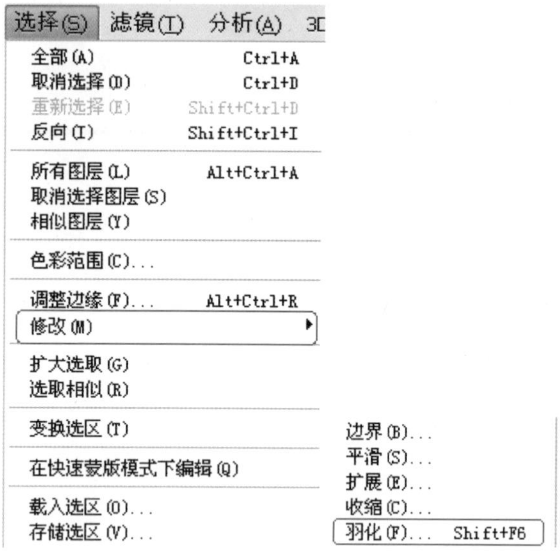

图 13-90

图 13-93

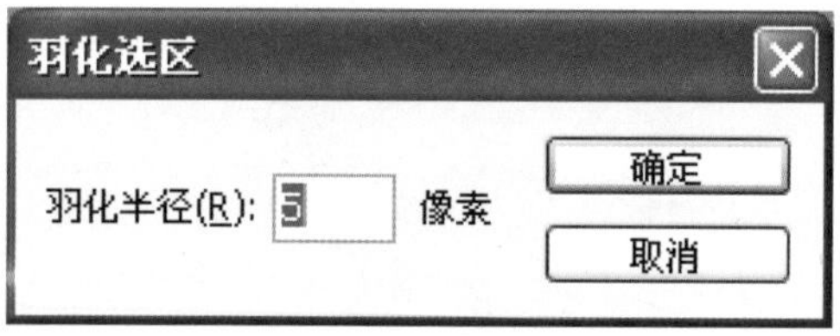

图 13-91

图 13-92

图 13-94

4. 选择"滤镜"→"模糊"→"高斯模糊"菜单命令, 如图13-93所示, 在弹出的"高斯模糊"对话框中, 设置"半径"为2像素, 然后按快捷键Ctrl+D取消选区, 如图13-94和图13-95所示。

图 13-95

提示：

人物皮肤不够光滑时，我们可以选择"高斯模糊"命令来柔化皮肤。

5. 选择"图层"面板下的"创建图层蒙版"按钮，为图层添加蒙版，然后选择工具栏中的画笔工具，并设置其属性，如图13-96和图13-97所示。在人物的五官处涂抹，如图13-98和图13-99所示。

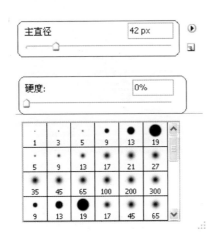

图13-96

图13-97

图13-98

图13-99

6. 右键单击"图层"面板中的"背景 副本"，在下拉菜单中选择"拼合图像"命令，得到一个"背景"层，如图13-100和图13-101所示。

图13-100

图13-101

7. 选择"图像"→"调整"→"亮度／对比度"菜单命令，在弹出的"亮度／对比度"对话框中设置"亮度"为"+30"、"对比度"为"+10"，如图13-102至图13-104所示。

图像(I)　图层(L)　选择(S)　滤镜(T)

| 模式(M) | ▶ |
| 调整(A) | ▶ |

亮度/对比度(C)...	
色阶(L)...	Ctrl+L
曲线(U)...	Ctrl+M
曝光度(E)...	

自动色调(N)	Shift+Ctrl+L
自动对比度(U)	Alt+Shift+Ctrl+L
自动颜色(O)	Shift+Ctrl+B

自然饱和度(V)...	
色相/饱和度(H)...	Ctrl+U
色彩平衡(B)...	Ctrl+B
黑白(K)...	Alt+Shift+Ctrl+B
照片滤镜(F)...	
通道混合器(X)...	

图像大小(I)...	Alt+Ctrl+I
画布大小(S)...	Alt+Ctrl+C
图像旋转(G)	▶
裁剪(P)	
裁切(R)...	
显示全部(V)	

反相(I)	Ctrl+I
色调分离(P)...	
阈值(T)...	
渐变映射(G)...	
可选颜色(S)...	

复制(D)...	
应用图像(Y)...	
计算(C)...	

| 阴影/高光(W)... | |
| 变化(N)... | |

| 变量(B) | ▶ |
| 应用数据组(L)... | |

去色(D)	Shift+Ctrl+U
匹配颜色(M)...	
替换颜色(R)...	
色调均化(Q)...	

| 陷印(T)... | |

图 13—102

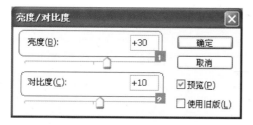

图 13—103

图 13—104

图 13—105

图 13—106

图 13—107

图 13—108

8. 选择"路径"面板下的"创建新路径"按钮，得到"路径 1"，如图 13—105 所示，然后选择工具栏中的钢笔工具 ，勾勒人物轮廓，单击"将路径作为选区载入"按钮，得到一个新的选区，如图 13—106 至图 13—108 所示。

使用技巧：

在用钢笔工具勾图片时，略向里一点，这样最后的成品才不会有杂边出现。

9. 选择"窗口"→"图层"菜单命令，打开"图层"面板，选中"背景"层，点右键，单击"复制图层"命令，新建一个"背景副本"，选中"背景副本"，单击"添加图层蒙版"按钮，如图13-109至图13-111所示。

图13-109

图13-110

图13-111

10. 选择"通道"面板，拖动"蓝"通道至"通道"面板下的"新建"按钮，复制一个复本出来，如图13-112所示。

图13-112

11. 选中"通道"面板中的"蓝副本"，选中"图像"→"调整"→"色阶"菜单命令，或者按快捷键Ctrl+L进行色阶调整，将左侧的黑色滑块向右拉动，将右侧的白色滑块向左拉动，这样减小中间调部分，加大暗调和高光，使头发、衣服和背景很好地分开，如图13-113至图13-115所示。

图13-113

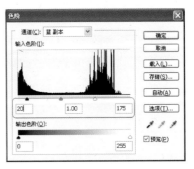

图13-114

图 13-115

12. 按快捷键Ctrl+I将"蓝副本"通道反相，如
图 13-116 和图 13-117 所示。

图 13-118

图 13-119

图 13-116

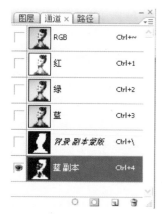

图 13-120

14. 单击"通道"面板上的"将通道作为选区
载入"按钮得到"蓝副本"的选区，如图 13-121
所示。

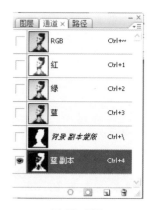

图 13-117

13. 继续选择工具栏中的画笔工具，并设置其
属性，如图13-118所示。黑色画笔将头发以外（也
就是不需要选择的地方）涂黑，然后用白色画笔把
头发里需要的地方涂白，如图13-119和图13-120
所示。

图 13-121

15．回到"图层"面板，双击"背景"图层，将其变为普通"图层0"，如图13-122所示。按Delete键，人物部分就出来了，然后按快捷键Ctrl+E合并图层，如图13-123和图13-124所示。

图13-125

图13-122

图13-126

图13-123

图13-127

图13-124

16．执行"文件"→"新建"菜单命令，在弹出的"新建"对话框中设置文件"名称"为13-3，"宽度"为42.6厘米、"高度"为29.1厘米，"分辨率"为300像素／英寸，如图13-125所示。然后把上一步得到的图形拖动到新建文件中，自动生成"图层1"，按快捷键Ctrl+T调整到合适大小及其位置，如图13-126和图13-127所示。

提示：

本案例的开本仍为大16k，但是为了凸显个性，我们选择了通栏排版，所以其尺寸应该是210-285的两倍，也就是大8k，加上其出血的尺寸也就是426-291。（单位为毫米）

17．选择"文件"→"打开"菜单命令（快捷键Ctrl+O），打开"光盘／素材文件／ch13/13-3-2.jpg"文件，如图13-128所示，并拖动到新建文件中，自动生成"图层2"，选择工具栏中的矩形选

259

框工具，沿着"图层2"的边缘绘制一个选框，然后选择"编辑"→"定义图案"菜单命令，定义的"名称"为"图案1"，如图13-129和图13-130所示。

图13-132

图13-128

图13-133

19. 选中"图层"→"栅格化"→"文字"菜单命令，如图13-134所示。然后选择工具栏中的魔棒工具，单击文字中的"白"，选择移动工具适当移动其位置，如图13-135所示。

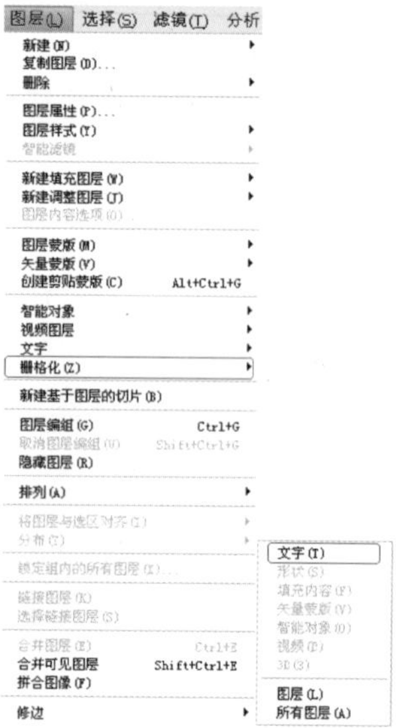

图13-129

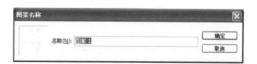

图13-130

18. 选中工具栏中的文字工具，在画面中间输入"美白"并设置文字属性中的字体为"汉仪大宋简"、字体的颜色为黑色，按快捷键Ctrl+T调整大小，如图13-131至图13-133所示。

图13-134

图13-131

图13-135

20．继续选择工具栏中的魔棒工具，单击"美白"二字，然后选择"编辑"→"填充"菜单命令，如图13-136和图13-137所示。选择填充的自定义"图案1"，如图13-138至图13-140所示。

图13-140

图13-136

图13-137

图13-138

21．单击填充好的"美白"层，在弹出的"图层样式"对话框中勾选"描边"和"投影"复选框，并设置属性，如图13-141至图13-143所示。

图13-141

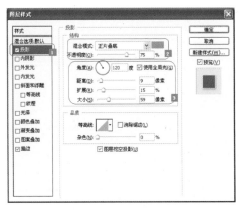

图13-142

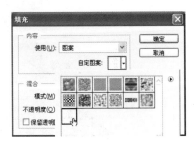

图13-139

图13-143

22. 选择工具栏中的文字工具 T，在画面中间输入文字，并设置文字属性中的字体为"汉仪大宋简"、字体大小为"72 点"、字体的颜色仍为黑色，如图 13-144 至图 13-146 所示。

图 13-149

图 13-144    图 13-145

图 13-150

图 13-146

23. 选择工具栏中的文字工具 T，在画面中间输入英文标题，并设置文字属性中的字体为"178-CA1978"、字体大小为"47.2 点"、字体的颜色"C6、M64、Y24、K0"，如图 13-147 至图 13-150 所示。

24. 继续选择工具栏中的文字工具 T，在画面空白位置输入正文的文字，并设置文字属性中的字体为"汉仪中黑简"、字体大小为"11 点"、字体的颜色仍为黑色，如图 13-151 和图 13-152 所示。

图 13-147

图 13-148

图 13-151

图 13-152

25．继续输入版式中的文字内容并设置其属性，如图13-153至图13-156所示。得到的效果如图13-157所示。

图13-153

RURU LOVE

图13-154

图13-155

摄影：JINGJING

化妆：LAN

美编：RURU

图13-156

图13-157

26．选择"图层"面板，在"图层"面板下方单击"创建新图层"按钮，得到一个"图层4"，如图13-158所示。然后选择工具栏中的矩形选框工具，在辅助线的位置绘制一个矩形选框。选择工具栏中的渐变工具，在矩形选框中拖动鼠标左键，如图13-159至图13-161所示。

图13-158

图13-159

图13-160

263

图13—161

图13—163

27．选中"图层"面板中的"图层4"，按快捷键Ctrl+[将其放在最后一层，然后设置其"不透明度"为20%，如图13—162所示。这样，本案例就完成了，其最终效果如图13—163所示。

图13—162

案例小结

　　本案例由衷地体现了各种时尚元素，在抠图的时候我们为了使边缘更加细腻，应用了Photoshop的通道，在制作文字特效的时候，我们不仅运用了图层样式中的各种效果，还运用了自定义图案的填充，色彩也进行了整体的推敲，整个版面简单而不庸俗。

第 **14** 章　数码照片在时尚商业中的应用

14.1　时尚商业应用案例（一）——桌面背景

把一张自己的写真数码照片做成电脑桌面的背景，可以天天欣赏自己的作品。

本节案例效果对比图：

案例解析

将自己的照片用矢量软件制作成漫画的形式之后用 Photoshop 设计成个性桌面，更是别有一番风趣，本实例就主要介绍将自己的照片制作成精美桌面的方法。

主要制作流程：

◎ 制作时间：15分钟

◎ 知识重点：渐变工具　"马赛克"滤镜　路径文字工具

◎ 学习难度：★★★

操作步骤

1. 选择"文件"→"打开"菜单命令（快捷键Ctrl+O），打开"光盘／素材文件/ch14/14-1-1.jpg"文件，如图14-1和图14-2所示。

图14-1

图14-2

2. 执行"文件"→"新建"菜单命令，在弹出的"新建"对话框中设置文件"名称"为14-1-1，如图14-3所示。

图14-3

提示：

一般显示器的分辨率是72dpi即可，尺寸为1024－786。

3. 设置前景色为■"C0、M75、Y0、K0"，选择工具栏中的渐变工具■，在属性栏设置渐变颜色为"前景到背景"，渐变样式为"线性"，然后在页面上从下到上单击并拖动鼠标左键，在文件中填充渐变颜色，如图14-4至图14-6所示。

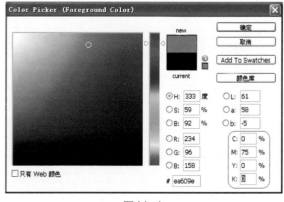

图14-4

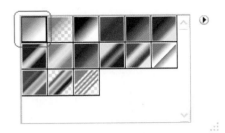

图14—5

图14—6

4．执行"滤镜"→"像素化"→"马赛克"菜单命令，在弹出的对话框中设置"单元格大小"为75，如图14—7和图14—8所示。

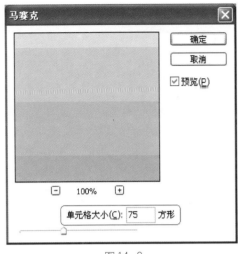

图14—8

5．切换到素材文件，选择工具栏中的磁性套索工具，在照片中勾选漫画人物部分，如图14—9所示。

图14—9

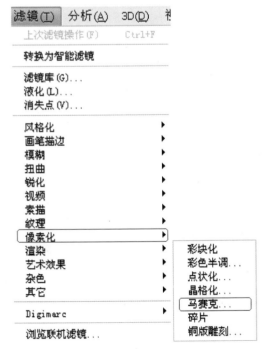

图14—7

使用技巧：

在使用磁性套索工具进行人物图像的选取时，按住Shift键可进行选区的加选，按住Alt键可从选区中减去所选区域。

6．选择工具栏中的移动工具，在漫画人物选区上单击并拖动所选区域到14—1—1.psd文件中，得到"图层1"，如图14—10所示。

图 14—10

7. 执行"编辑"→"自由变换"菜单命令（快捷键 Ctrl+T），在按住 Shift 键的同时拖动变换框控制点，调整人物图像适合文件大小，如图 14—11 和图 14—12 所示。

图 14—11

图 14—12

8. 保持选区"图层 1"的状态，执行"图层"→"图层样式"→"投影"菜单命令，在弹出的对话框中设置各项参数，如图 14—13 至图 14—15 所示。

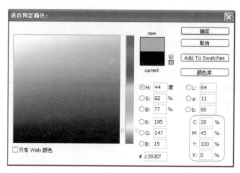

图 14—13

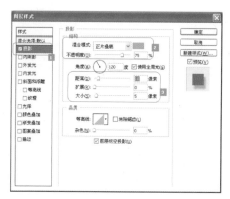

图 14—14

图 14—15

9. 选择"窗口"→"路径"菜单命令，单击"路径"面板下方的"创建新路径"按钮，得到"路径 1"，如图 14—16 所示。

图 14—16

10．选择工具栏中的自定义形状工具 ，如图14-17和图14-18所示。

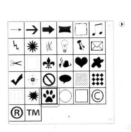

图14-17　　　　　图14-18

11．单击"路径"面板下方的"将路径载入选区"按钮，将其转换成选区，切换到"图层"面板，按"创建新图层"按钮，得到"图层2"，如图14-19和图14-20所示。

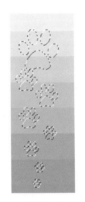

图14-19　　　　　图14-20

12．设置前景色为"C100、M50、Y0、K0"，按快捷键Alt+Delete填充"图层2"，如图14-21和图14-22所示。

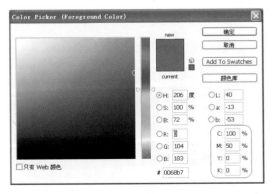

图14-21

图14-22

13．执行"编辑"→"自由变换"菜单命令（快捷键Ctrl+T），在按住Shift键的同时拖动变换框控制点和旋转点，调整角度和大小，并拖动其到"图层1"的下一层，如图14-23和图14-24所示。

图14-23

图14-24

14．单击"路径"面板下方的"创建新路径"按钮，得到"路径2"，切换到"图层"面板，按"创建新图层"按钮，得到"图层3"，如图14-25和图14-26所示。

图14-25

图14-26

15．选择工具栏中的钢笔工具，在页面右上角勾勒一条曲线路径，然后选择工具栏中的文字工具，将光标放在曲线上，如图14-27所示。

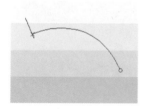

图14-27

16．输入"与青春有关的日子"，设置文字属性，字体为"汉仪萝卜体简"，颜色设置为"C11、M80、Y9、K0"，如图14-28至图14-30所示。

图14-28

图14-29

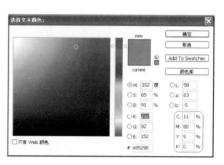

图14-30

17．保持选区"与青春有关的日子"的状态，执行"图层"→"图层样式"→"描边"命令，在弹出的对话框中设置各项参数，颜色设置为"C0、M0、Y0、K0"，如图14-31和图14-32所示。

图14-31

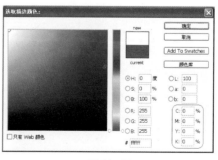

图14-32

18. 选择工具栏中的文字工具 $\boxed{T}$ ，输入"happy everday"，文字属性设置同上，如图14-33至图14-35所示。

图14-33

图14-34

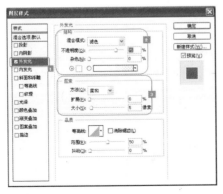

图14-35

19. 保持选区"与青春有关的日子"的状态，执行"图层"→"图层样式"→"外发光"命令，在弹出的对话框中设置各项参数，颜色设置为"C0、M0、Y0、K0"，如图14-36至图14-38所示。

图14-36

图14-37

图14-38

20. 执行"编辑"→"自由变换"菜单命令（快捷键Ctrl+T），在按住Shift键的同时拖动变换框控制点和旋转点，调整角度和大小，如图14-39和图14-40所示。

图14-39

图14-40

21. 按"路径"面板下方的"创建新路径"按钮，得到"路径"3，切换到"图层"面板，按"创建新图层"按钮，得到"图层3"，选择工具栏中的钢笔工具 $\boxed{\&}$ ，在页面右上角勾勒一朵花的路径，如图14-41至图14-43所示。

图 14—41   图 14—42

图 14—45

23．将 "图层 3" 拖到 "图层" 面板下方的 "创建新图层" 按钮多次，得到若干个副本，调整其不透明度、大小及位置，如图 14—46 所示，得到本案例的最终效果如图 14—47 所示。

图 14—43

图 14—46

22．将花瓣和花芯分别填充颜色，颜色设置为 "C11、M80、Y9、K0"，如图 14—44 和图 14—45 所示。

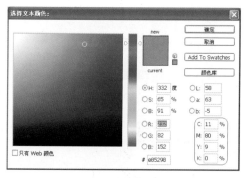

图 14—44

图 14—47

案例小结

使用 "马赛克" 滤镜，会使像素结为方形块。

在进行个性桌面设计时，应该注意文件大小参数的设置，这样就可以使设计好的背景更加适合显示器的分辨率。17 英寸显示器桌面背景的设计，一般尺寸为 1024 × 768 像素，19 英寸的显示器尺寸一般为 1280 × 1024 像素。

14.2　时尚商业应用案例（二）——动画照片

把自己喜欢的数码照片做成动画，不仅可以分门别类，还可以方便快捷地欣赏自己的作品。
本节案例最终效果：

案例解析

一些自己的照片用Photoshop CS4设计成动画效果，既节省了时间又为照片增添了效果。本节我
们就利用动画命令来简单介绍一组动画照片的制作过程。

主要制作流程：

◎　制作时间：10分钟

◎　知识重点：批处理文件　动画

◎　学习难度：★★★

操作步骤

1．先将所要制作的数码照片放在一个文件夹中，然后选择"文件"→"打开"菜单命令（快捷键Ctrl+O），打开"光盘／素材文件/ch14/14-2"文件夹中的一个文件，如图14-48和图14-49所示。

图14-48

图14-49

2．执行"窗口"→"动作"菜单命令，按"动作"面板下方的"创建新动作"按钮，得到"动作1"，然后再按"开始录制"按钮，如图14-50和图14-51所示。

图14-50

图14-51

3．选中其中的照片，执行"图像"→"图像大小"菜单命令，在弹出的对话框中进行参数设置，如图14-52和图14-53所示。

图14-52

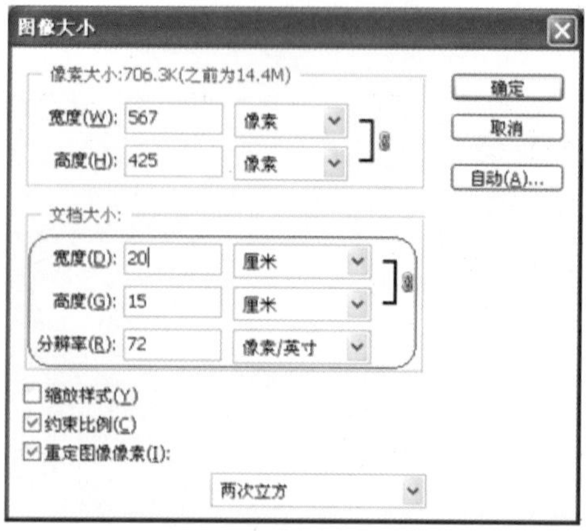

图14-53

4．执行"文件"→"储存为"菜单命令，在弹出的对话框中设置文件格式为JPEG，单击"确定"按钮，如图14-54和图14-55所示。

图14-54

图14-58

图14-55

图14-59

5．执行"窗口"→"动作"菜单命令，按"动作"面板下方的"停止录制"按钮，如图14-56和图14-57所示。

7．选择工具栏中的移动工具，将所有文件拖动到一个文件中，自动生成新的图层，如图14-60和图14-61所示。

图14-56　　　　图14-57

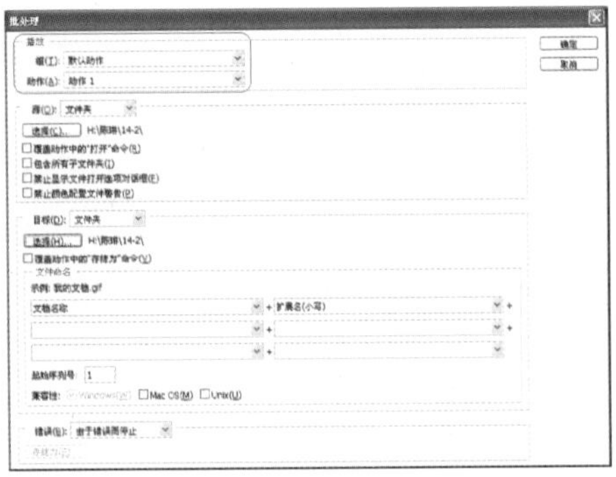

6．执行"文件"→"自动"→"批处理"菜单命令，然后在弹出的"批处理"对话框中选择"动作1"，如图14-58和图14-59所示。

图14-60

图14-61

8. 执行"窗口"→"动画"菜单命令，直接生成第一个动画帧，如图14-62和图14-63所示。

图14-62

图14-63

9. 单击"动画"面板下方的"复制所选帧"按钮，然后选择"图层"面板，将"图层6"隐藏（或单击前面的👁）如图14-64至图14-66所示。

图14-64

图14-65

图14-66

10. 按上述方法分别生成其余的帧数，并可单击"动画播放"按钮 ▶ 进行动画预览，如图14-67所示。

图14-67

11. 这时候我们发现动画的播放速度比较快，接下来单击动画帧下方的"选择帧延长时间"按钮，设置其延长时间为1.0秒，如图14-68和图14-69所示。

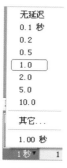

图14-68

图14-69

12. 当然，我们可以根据自己的需要改变时间长短，可以在后期再将其改为默认的"线性插值"方式，那样过渡效果就会重新出现。可以自己尝试改变其他帧的插值方式，如图14-70所示。

图14-70

13. 选择"文件"→"存储为Web和设备所用格式"菜单命令，在弹出的对话框中进行设置，然后选择GIF格式进行保存，完成该组动画的制作，如图14-71至图14-73所示。

图 14-71

图 14-73

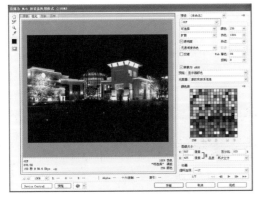

图 14-72

案例小结

在制作动画效果时可以自己安排时间的长短和效果，并且可以用图层样式做出多种效果动画。

14.3　时尚商业应用案例（三）——香水 DM 单页广告

时尚的元素渐渐融入到生活的每一个角落，本节就结合 Photoshop 的一些功能，利用数码照片制作一张香水广告。

本节案例最终效果：

案例解析

一些自己的照片用Photoshop设计成广告的形式更便于珍藏，并赋予时尚的元素。在设计的时候简单而不单调，并具有商业的感觉。

主要制作流程：

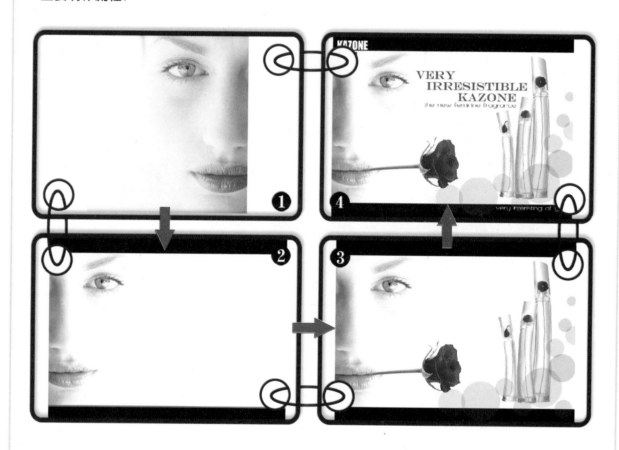

◎ 制作时间：10分钟

◎ 知识重点：图层模式　文字工具

◎ 学习难度：★★★

操作步骤

1. 选择"文件"→"新建"菜单命令（快捷键Ctrl+N），新建文件的"名称"为14-3，"宽度"为30厘米、"高度"为22.5厘米、"分辨率"为150像素／英寸，如图14-74和图14-75所示。

2. 单击"图层"面板下的"创建新图层"按钮，得到"图层1"，设置前景色为黑色■，然后选择工具栏中的矩形选框工具，在页面上下分别绘制两个矩形选框，按快捷键Alt+Delete填充黑色，如图14-76所示。

图 14—74

图 14—78

4. 执行"图像"→"调整"→"去色"菜单命令，得到一张黑白照片，然后选择"图像"→"调整"→"曲线"菜单命令，设置"输出"值为 20、"输入"值为 37，如图 14—79 至图 14—81 所示。

图 14—75

图 14—79

图 14—76

图 14—76

3. 选择"文件"→"打开"菜单命令（快捷键 Ctrl+O），打开"光盘／素材文件／ch14/14—3—1.jpg"文件，如图 14—77 和图 14—78 所示。

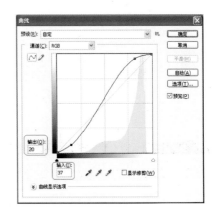

图 14—80

图 14—77

图 14—81

5．选中照片，单击并拖动鼠标左键，拖动到14-3.psd文件中，得到一个新的图层"图层 2"，执行"编辑"→"变换"→"水平翻转"菜单命令，并将"图层2"拖动到"图层1"下，如图14-82至图14-84所示。

图14-82

图14-83

图14-84

6．执行"文件"→"打开"菜单命令，打开素材文件14-3-2.jpg，选择工具栏中的磁性套索工具，沿着香水轮廓移动鼠标左键，形成香水的选区，如图14-85和图14-86所示。

图14-85

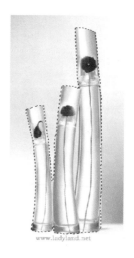

图14-86

7．将上一步得到的选区拖动到文件中，得到一个新的图层"图层3"，然后按快捷键Ctrl+T调整大小，并利用移动工具调整位置，如图14-87和图14-88所示。

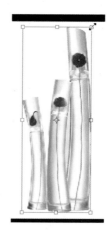

图14-87

图14-88

8. 执行"文件"→"打开"菜单命令，打开素材文件14-3-3.jpg，选择工具栏中的魔棒工具 ，单击鼠标左键形成一个空白选区，然后执行"选择"→"反向"菜单命令，形成花朵的选区，如图14-89和图14-90所示。

图14-89

图14-90

9. 将上一步得到的选区拖动到文件中，得到一个新的图层"图层4"，然后按快捷键Ctrl+T调整大小并旋转方向和原来素材照片混合，利用移动工具调整位置，如图14-91和图14-92所示。

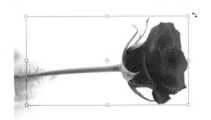

图14-91

图14-92

10. 选择工具栏中的橡皮擦工具 ，设置橡皮擦的属性如图14-93所示。在花朵的茎上涂抹，露出嘴唇，如图14-94和图14-95所示。

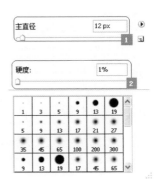

图14-93

图14-94

图 14—95

11．单击"图层"面板下的"创建新图层"按钮，得到一个"图层5"，然后选择工具栏中的椭圆形选框工具，按住 Alt 键在新建图层上绘制一个圆形的选区，设置前景色为"C0、M100、Y100、K0"，然后按快捷键 Alt+Delete 填充前景色，如图 14—96 至图 14—98 所示。

图 14—96

图 14—97

图 14—98

12．按快捷键Ctrl+D取消选区，并选择"图层"面板上的图层样式为"正常"，设置"不透明度"为20％，然后按快捷键Ctrl+J复制多个图层，选中每个复制的图层之后按快捷键Ctrl+T显示变换选框，调整图像大小，并调整其位置，如图14—99和图14—100所示。

图 14—99

图 14—100

提示：

复制图层的时候可以在按住 Alt 键的同时移动所要复制的图层，也可以直接将所要复制的图层拖动到"图层"面板下的"创建新图层"按钮中。

13．选择工具栏中的文字工具，输入"KAZONE"，并设置文字的属性，如图 14—101 和图 14—102 所示。

图 14—101

图14-102

14．选择工具栏中的文字工具 T ，输入"PARIS"，并设置文字的属性，如图14-103和图14-104所示。

图14-103

图14-104

15．继续选择工具栏中的文字工具 T ，输入文字，并设置文字的属性，字体颜色为"C0、M100、Y100、K0"，如图14-105至图14-107所示。

VERY
IRRESISTIBLE
KAZONE

图14-105

图14-106

图14-107

16．双击"图层"面板中由上一步得到的文字图层，在弹出的"图层样式"对话框中勾选"描边"复选框，并设置描边的颜色为"C0、M25、Y10、K0"，如图14-108至图14-111所示。

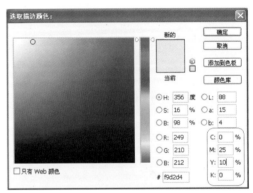

图14-108

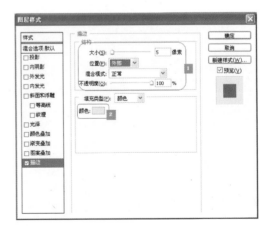

图14-109

VERY
IRRESISTIBLE
KAZONE

图14-110

图 14—111

图 14—114

17. 继续选择工具栏中的文字工具 [T]，输入文字，并设置文字的属性，如图 14—112 和图 14—113 所示。

the new feminine fragrance

图 14—112

图 14—113

图 14—116

18. 继续选择工具栏中的文字工具 [T]，输入文字，并设置文字的属性，如图 14—114 和图 14—115 所示。得到文本案例的最终效果，如图 14—116 所示。

案例小结

本案例新颖别致的布局和清新高雅的设计，尽显化妆品的柔美与精纯，再加上人物与"一枝花"的完美嵌套，开创了香水广告的新思路。

14.4　　时尚商业应用案例（四）——网站首页效果图

科技进步带来了信息的高速传播，网络成为了现代人生活不可缺少的一部分。本节就结合Photoshop的一些功能，利用数码照片制作一个网站首页的效果图。

本节案例最终效果：

案例解析

商业类的农庄开始被快节奏步伐的城市人所青睐，传统与现代的结合，恰恰适合作为当前人们缓解压力的好去处，为了更体现其商业化，网站的建设是必不可少的，那么接下来我们就简单介绍一下一个农家小院网站首页的效果图的制作全过程。

主要制作流程：

◎ 制作时间：15分钟

◎ 知识重点：图层模式　文字工具

◎ 学习难度：★★

操作步骤

1. 选择"文件"→"新建"菜单命令（快捷键 Ctrl+N），新建文件的"名称"为14-4，"宽度"为 1024像素、"高度"为1388像素、"分辨率"为 72像素／英寸，如图14-117和图14-118所示。

2. 单击"图层"面板下的"创建新图层"按钮，得到"图层1"，设置前景色为 "C67、M17、Y82、K0"，然后按快捷键Alt+Delete填充前景色，如图14-119和图14-120所示。

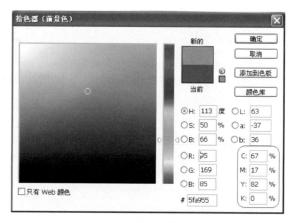

图14-119

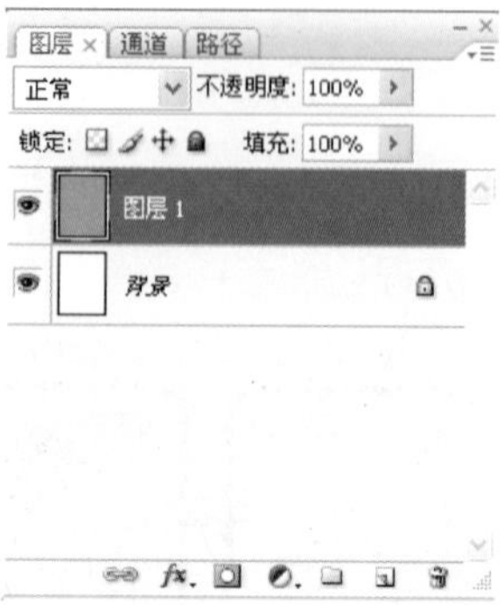

图14-120

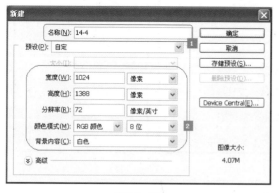

图14-117

图14-118

3. 选择"文件"→"打开"菜单命令（快捷键 Ctrl+O），打开"光盘／素材文件/ch14/14-4-1.jpg"文件，然后选择工具栏中的矩形选框工具，绘制素材图片的上半部分选区。选择移动工具将其拖动到14-4.psd文件中，自动生成"图层2"，如图14-121和图14-122所示。

图 14—124

图 14—121

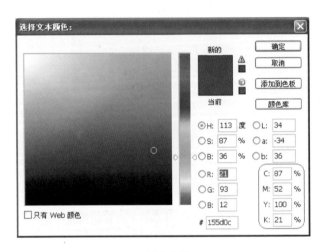

图 14—125

图 14—122

5. 选中"图层"面板中的"农家小院"层，并双击图层，在弹出的"图层样式"对话框中分别勾选"描边"和"投影"复选框，并设置其属性，如图 14—126 至图 14—128 所示。

4. 选择工具栏中的文字工具 T，输入文字，并设置文字的属性，字体颜色为"C87、M52、Y100、K21"，如图 14—123 至图 14—125 所示。

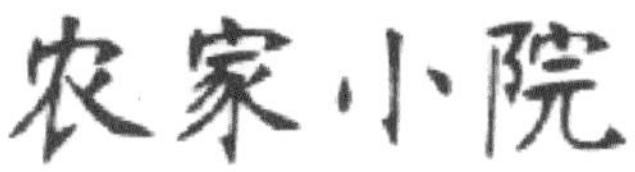

农家小院

图 14—123

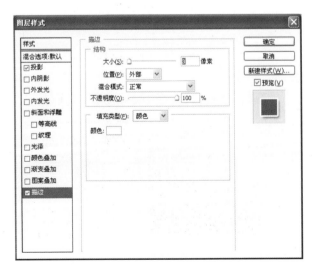

图 14—126

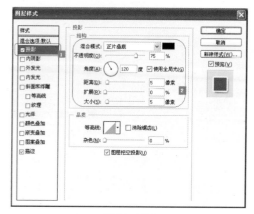

图 14—127

图 14—128

6. 选择工具栏中的文字工具 T，输入文字，并设置文字的属性，字体颜色为"C87、M52、Y100、K21"，如图 14—129 至图 14—131 所示。

图 14—129

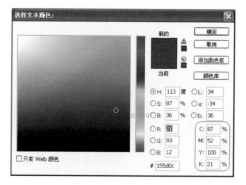

图 14—130

图 14—131

7. 选择工具栏中的多边形工具，设置"边"为 4，"半径"为 2.5 厘米、"缩进边依据"为 85%，绘制一个星星，如图 14—132 至图 14—134 所示。

图 14—132

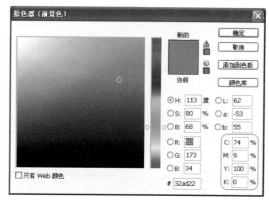

图 14—133

图 14—134

8. 执行"滤镜"→"模糊"→"高斯模糊"菜单命令，在弹出的"高斯模糊"对话框中设置其"半径"为 3 像素，然后按快捷键 Ctrl+T 适当缩小，如图 14—135 和图 14—136 所示。按照同样的方法绘制另一个，如图 14—137 所示。

图14—135

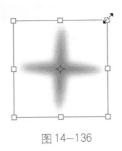

图14—136

图14—141

图14—142

10. 选择工具栏中的圆角矩形工具，设置前景色，在页面中间绘制一个圆角矩形，将其转换成选区，如图14—143和图14—144所示。

图14—143

图14—144

图14—137

9. 选择工具栏中的文字工具，输入文字（如图14—138所示），并设置文字的属性，字体颜色分别为黑色和"C49、M100、Y100、K24"，如图14—139至图14—141所示。得到栏头的效果如图14—142所示。

图14—138

图14—139

图14—140

11．将上一步得到的图形拖动到"图层"面板下的"创建新图层"按钮，得到三个副本，如图14-145和图14-146所示。

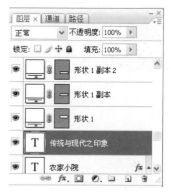

图 14-145

图 14-146

提示：

复制图层的时候可以在按住 Alt 键的同时移动所要复制的图层，也可以直接将所要复制的图层拖动到"图层"面板下的"创建新图层"按钮中。

12．选择"文件"→"打开"菜单命令，打开"光盘／素材文件／ch14/14-4-2.jpg"文件，单击移动按钮，将图片14-4-2.jpg拖拽至文件中，自动生成"图层3"，按快捷键Ctrl+T自由变换，如图14-147和图14-148所示。

图 14-147

图 14-148

13．选择"文件"→"打开"菜单命令，打开"光盘／素材文件／ch14/14-4-3.jpg"文件，选择"图像"→"调整"→"亮度／对比度"菜单命令（如图14-149所示），在弹出对话框中进行设置（如图14-150所示）。单击移动按钮，将图片14-4-3.jpg拖拽至文件中，自动生成"图层4"，按快捷键Ctrl+T自由变换，如图14-151和图14-152所示。

图 14-149

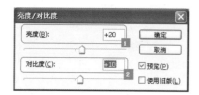

图 14-150

图 14-151

图 14-152

14. 选择"文件"→"打开"菜单命令，打开
"光盘／素材文件/ch14/"文件夹下的14-4-4.jpg
和14-4-5.jpg文件，单击移动按钮 ，将图片
14-4-4.jpg和14-4-5.jpg拖拽至文件中，自动生
成"图层5"和"图层6"，按快捷键Ctrl+T自由变
换，如图14-153所示。

图 14-153

15. 选择工具栏中的文字工具 ，输入文字，
并设置文字的属性，设置字体的颜色为"C45、M24、
Y15、K0"，如图14-154至图14-156所示。

图 14-154

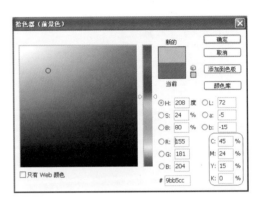

图 14-155

GREW UP DURING

图 14-156

16. 选择工具栏中的文字工具 ，输入文字，
刷取文字并设置文字的属性，按照同样的方法输入
其余文字，如图14-157至图14-159所示。

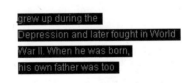

图 14-157

图 14-158

291

图 14-159

17. 选择工具栏中的椭圆形选框工具，按住 Shift 键，绘制一个圆形选框，新建一个图层，然后填充颜色为"C87、M45、Y100、K8"，如图14-160至图14-162所示。

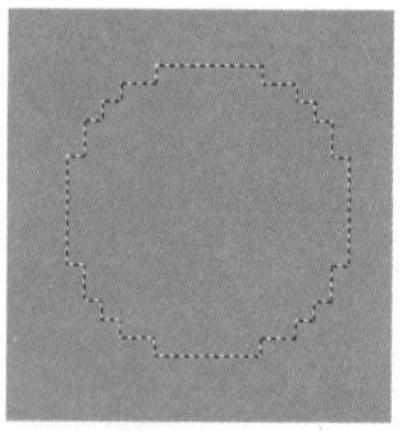

图 14-160

图 14-161

图 14-162

18. 选择工具栏中的文字工具，输入文字，按住并拖动鼠标左键刷取文字并设置文字的属性，文字的颜色为白色，如图14-163和图14-164所示。

图 14-163

图 14-164

19. 继续选择工具栏中的画笔工具，输入文字，并设置画笔的属性，如图14-165至图14-167所示。

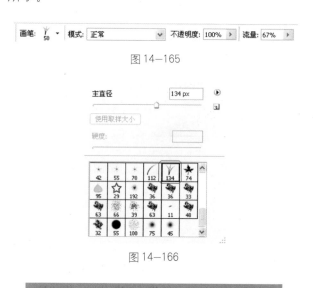

图 14-165

图 14-166

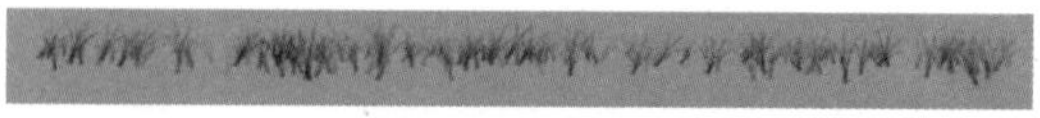

图 14-167

20. 选择"文件"→"打开"菜单命令，打开"光盘/素材文件/ch14/"文件夹下的14-4-6.tiff、14-4-7.tiff和14-4-8.tiff文件，单击移动按钮，将这些文件拖拽至文件中，按快捷键Ctrl+T自由变换，如图14-168至图14-170所示。

图14-168

图14-169

图14-170

21. 继续导入素材图片，如图14-171至图14-173所示。

图14-171

图14-172

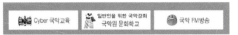

图14-173

22. 继续选择工具栏中的文字工具T，输入文字，并设置文字的属性，如图14-174和图14-175所示。得到本案例的最终效果，如图14-176所示。

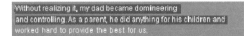

图14-174

图14-175

图14-176

案例小结

该案例为园林类网站的首页效果图，所以整体用了绿色系。本案例中数码照片经过简单处理，展现出应有的魅力。把其放在网站的首页，更加绚丽夺目。本案例在对网站整体形象的把握上，创意新颖、构思精妙，并在网页设计制作中，充分利用已有素材，使网页形式美观，视觉效果丰富多彩。